国家现代肉鸡产业技术体系（CARS-42-203）资助

图说
规模生态放养鸡
关键技术

主　编

魏忠华　谷子林

副主编

郑长山　李　英

编著者

谷子林　魏忠华　郑长山　李　英
孙凤莉　黄玉亭　刘亚娟　吴秀楼
墨峰涛　赵慧秋　王学静　李杰峰
　　　　吴　浩　黄志龙

U0352248

金盾出版社

内 容 提 要

本书主要内容有：生态规模放养鸡的特点，生态放养鸡品种选择，生态放养鸡场的建筑与设备，放养鸡的日粮配制，雏鸡培育技术，鸡的生态放养技术，生态放养鸡的常见疾病及防治，放养鸡产品的质量认证，放养鸡产品包装及运输。本书由多年从事放养鸡科研和生产工作的专家，结合市场和生产实践，收集大量图片精心编写。内容丰富实用，操作性强，是指导生态放养鸡生产的精良图书。

图书在版编目(CIP)数据

图说规模生态放养鸡关键技术/魏忠华,谷子林主编. — 北京：金盾出版社,2013.4(2019.3 重印)
ISBN 978-7-5082-7955-8

Ⅰ.①图… Ⅱ.①魏…②谷… Ⅲ.①鸡—饲养管理—图解 Ⅳ.①S831.4-64

中国版本图书馆 CIP 数据核字(2012)第 255188 号

金盾出版社出版、总发行
北京太平路 5 号(地铁万寿路站往南)
邮政编码：100036 电话：68214039 83219215
传真：68276683 网址：www.jdcbs.cn
北京印刷一厂印刷、装订
各地新华书店经销
开本：850×1168 1/32 印张：4.75 字数：70 千字
2019 年 3 月第 1 版第 5 次印刷
印数：18 001～21 000 册 定价：20.00 元
(凡购买金盾出版社的图书，如有缺页、
倒页、脱页者，本社发行部负责调换)

前　言

　　规模生态放养鸡是采用现代科学养鸡技术，利用林地、草场、果园等实行规模放养。通过良好的饲养环境、科学饲养管理和卫生保健措施等，实现标准化生产。

　　生态放养鸡所产蛋、肉，具有田园牧鸡的特点，质优味美，是深受消费者欢迎的高端食品；规模生态放养成本低、收益高，特别是生态放养柴鸡（土鸡）肉用，每只比集约化饲养"快大型"肉鸡收入高1倍以上；放养柴鸡产蛋，每只比笼养蛋鸡收入高1倍以上；采用这种饲养形式，相对投资较小、时间短、周转快，能较快见收益；放养鸡的果园、林地、农田中使用灯光、性信息等诱虫技术，可大幅度降低虫害的发生率，减少农药的使用量；鸡粪肥田，降低果、粮生产成本，综合效益显著；放养地不占用耕地，缓解林牧矛盾、草场过牧；远离居民区，饲养密度低，排泄物培植土壤，变废为宝，自然净化，保护生态环境。

　　为了加强推广普及这一群众十分欢迎的养殖技术，河北省畜牧兽医研究所和河北农业大学等单位的教授、专家，采取图片加文字说明的方法，编辑了此书。内容包括：柴鸡放养的特点、放养鸡品种选择、生态放养鸡场的建筑与设备、放养鸡的日粮配制、雏鸡培育技术、鸡的生态放养技术、生态放养鸡的常见疾病及防治、放养鸡产品的质量认证、放养鸡产品包装与运输。

本书内容新颖，技术先进，图文并茂，通俗易懂，实用性强，是目前生态放养鸡方面较系统、全面的自学教材。本书对科研人员、大专院校师生、生产技术人员都具有参考价值。

由于规模化生态放养鸡这项新技术尚待不断完善及系统化，限于作者水平，书中不妥之处，敬请同行和广大读者批评指正。

编著者

目 录

第一章 规模生态放养鸡的特点

规模生态放养鸡就是把传统的农家散养鸡方法和现代科学养鸡技术相结合，根据不同地区特点，利用林地、草场、果园、农田、荒山等自然资源，实行规模放养。规模生态放养鸡以自由采食野生天然饲料为主，自由觅食昆虫、嫩草、腐殖质等；人工科学补料为辅，严格限制化学药品和饲料添加剂等的使用，禁用任何激素和抗生素制品。通过良好的饲养环境、科学饲养管理和卫生保健措施等，实现标准化生产，生产出优质鸡蛋、鸡肉，达到无公害食品乃至绿色食品、有机食品标准。同时，生态放养鸡还能控制植物虫害和草害、减少或杜绝农药的使用，利用鸡粪提高土壤肥力。因其具有许多优点，已经成为深受群众欢迎的养殖项目。

一、生态放养的鸡蛋、鸡肉是高端食品

生态放养鸡的产品具有田园牧鸡的特点，质优味美。特别是柴鸡（土鸡）蛋与笼养现代配套系鸡产的蛋相比，干物质多、蛋黄比例大、对人体有益的磷脂质含量高。另外，决定风味的谷氨酸等成分高，使得生态放养的柴鸡（土鸡）蛋口味好、风味浓郁。柴鸡（土鸡）肉的肌纤维直径小、密度大，肌苷酸含量高，使鸡肉质地鲜嫩、鲜美。生态放养鸡的蛋、肉由于质优味美，成为深受消费者欢迎的高端食品（图1-1、图1-2）。

1

图 1-1　馈赠亲朋的佳品

图 1-2　丰盛的百鸡宴全席

二、饲养成本低，收益高

生态放养的鸡自由采食草籽、嫩草等植物性饲料，大量捕食多种虫体（动物性饲料），夏、秋季节省 1/3 以上的饲料。同时，放养鸡生活环境优良，空气新鲜，阳光充足，饲养密度小。再加上鸡只自由活动，所以机体健康，疾病少。特别是山区的草场、草坡有大山的自然屏障作用，明显地减少了传染病的发生(图 1-3、图 1-4)。

生态放养柴鸡（土鸡）肉用，每只比集约化饲养"快大型"肉鸡收入高 1 倍以上；放养柴鸡产蛋，每只比笼养蛋鸡收入高 1 倍以上。

图 1-3　果园里生态放养鸡

图 1-4　玉米地里放养的鸡

三、投资少，见效快

规模生态放养鸡的鸡舍建筑简易，无需笼养鸡昂贵的笼具，节省饲料，投资较小，适于经济欠发达地区的农民采用。同时，由于疾病少、时间短、周转快，放养柴鸡能较快见收益。例如，专门生产肉柴鸡时，小鸡从出壳到出栏，北方 105 天左右，平均体重 1.25 千克以上，每年能饲养 2 批上市。南方气候温暖，饲草丰富，每批 4～5 月龄出栏，可全年周转，效益可观；如果产蛋、产肉相结合，前期以产蛋为主，后期以产肉为主，饲养 1 年时，母鸡就能作为肉鸡出售；如果以产蛋为主，产蛋 1 年后作为肉鸡淘汰也可以（图 1-5、图 1-6、图 1-7）。

图 1-5 鸡舍简易、投资小

图 1-6 生态放养周期短、周转快

图 1-7 生态养鸡协会上门收购鸡蛋

四、减少虫害，提高综合效益

在果园、林地、农田、草场放养鸡，配合灯光、性信息等诱虫技术，可大幅度降低虫害的发生率。草场牧鸡灭蝗，每只鸡日采食幼龄蝗虫 1400～1700 头，放养 90 天，可以保护 0.67 公顷草场。放养鸡能减少农药的使用量，果园放养鸡，施用农药次数减少 1/3；棉田放养鸡，施用农药次数减少 2/3。同时，鸡粪还可肥田，既降低放养鸡饲养和果、粮生产成本，又能生产出售价较高的蛋、肉和果品，综合效益显著（图 1-8、图 1-9、图 1-10）。

图 1-8　牧鸡灭蝗的运鸡车

图 1-9　放养鸡的棉田虫害少

图 1-10　相邻未放养鸡的棉田虫害严重

五、不占耕地，保护环境

山场、林地、草地放养柴鸡，替代放牧牛羊，不占用耕地，实现"鸡上山、牛羊入圈"，资源合理利用。缓解林牧矛盾、草场过牧，有效保护和科学利用草地资源。生态放养柴鸡，远离居民区，饲养密度低，排泄物培肥土壤，变废为宝，利于环境的自然净化（图1-11、图1-12）。

图1-11 我国南方草坡放养鸡

图1-12 我国北方山地放养鸡

第二章 生态放养鸡品种选择

鸡放养在野外，外界环境变化大，且各地有不同的消费习惯，因此选择适应性强、体重大小适中、活泼好动、觅食性强、市场畅销的鸡种，对提高放养鸡的经济效益至关重要。现将适于放养鸡的品种介绍如下。

一、地方品种

（一）肉用型

1. 惠阳胡须鸡

【中心产区】 广东省东江和西枝江中下游沿岸的惠州市惠阳区，博罗、紫金、龙门和惠东等县。

【体　型】 体型中等，体质结实，胸深背宽，胸肌发达，后躯丰满，体躯呈葫芦瓜形（图2-1）。

图2-1　惠阳胡须鸡

【羽毛及羽色】　公鸡背部羽毛枣红，梳羽、蓑羽和镰羽金黄色而富有光泽，主尾羽黄色；母鸡全身羽毛黄色，主翼羽和尾羽有些黑色。尾羽不发达。

【头　型】　头大颈粗，喙粗短而黄，虹彩橙黄色；耳叶红色。颔下有发达的胡须，无肉垂或仅有一些痕迹。

【冠　型】　单冠直立，冠齿公鸡6～7个，母鸡6～8个。

【胫趾爪蹼特征】　无胫羽，脚黄色。

【体　重】　平均体重公鸡2 228克；母鸡1 601克。

【独特特征】　有发达的胡须，无肉垂。

【品种评价及开发利用】　以其特有的优良肉质与三黄胡须的外貌特征而驰名中外，是我国一个珍贵的家禽品种资源，但产蛋少，长羽迟。

2. 清远麻鸡

【中心产区】　广东省清远市。

【体　型】　母鸡体态呈楔形，前躯紧凑，后躯圆大；公鸡体质结实灵活，结构匀称（图2-2）。

图2-2　清远麻鸡

【羽毛及羽色】 公鸡头颈、背部的羽毛金黄色，胸羽、腹羽、尾羽及主翼羽黑色，肩羽、蓑羽枣红色；母鸡头部和颈前1/3的羽毛呈深黄色。背部羽毛分黄、棕、褐三色，有黑色斑点，形成麻黄、麻棕、麻褐3种。

【头　型】 公鸡头大小适中，母鸡头细小。肉垂、耳叶鲜红。虹彩橙黄，喙黄。公鸡肉垂鲜红，母鸡喙短。

【冠　型】 单冠直立，冠齿5～6个，鲜红色，母鸡冠中等。

【胫趾爪蹼特征】 母鸡胫趾短细，呈黄色。公鸡脚短而黄。

【体　重】 平均体重公鸡2180克；母鸡1750克。

【独特特征】 "一楔"，"二细"，"三麻身"。

【品种评价及开发利用】 以肉用品质优良而驰名，但繁殖力低，个体生产发育差异较大。

3. 杏花鸡

【中心产区】 广东省封开县。

【体　型】 体质结实，结构匀称，胸肌发达，被毛紧凑，前躯窄，后躯宽。体型特征可概括为"两细"，即头细、脚细；"三黄"即羽黄、皮黄、胫黄；"三短"即颈短、体躯短、脚短（图2-3）。

图2-3　杏花鸡

【头　型】　公鸡头大，母鸡头小。耳叶、肉垂鲜红色。虹彩橙黄色。喙短而黄。

【冠　型】　单冠直立呈红色。

【胫趾爪蹼特征】　脚细且黄。

【体　重】　平均体重公鸡1950克；母鸡1590克。

【独特特征】　体型两细，三黄，三短。

【品种评价及开发利用】　具有早熟、易肥，皮下和肌肉间脂肪分布均匀，骨细皮薄，肌纤维细嫩，外貌一致，遗传性稳定等优点；但产蛋量少，繁殖力低，早期生长缓慢。

4.桃源鸡

【中心产区】　湖南省桃源县中部。

【体　型】　体型高大，体质结实，体躯稍长，呈长方形。颈稍长，胸廓发育良好。腿高，胫长而粗。母鸡体稍高，背较长而平直，后躯深圆，近似方形（图2-4）。

图2-4　桃源鸡

【羽毛及羽色】　公鸡体羽呈金黄色或红色，主翼羽和尾羽呈黑色，梳羽金黄色或间有黑斑。母鸡羽色有黄色和麻色两个类型，

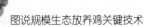

两者主翼羽和尾羽均呈黑色，腹羽均呈黄色。

【肤　色】　皮肤白色。

【头　型】　公鸡头大小适中，母鸡清秀。耳叶、肉垂红色，较发达。眼大，微凹陷，虹彩呈金黄色。

【冠　型】　单冠，冠齿7～8个，公鸡冠直立，母鸡倒向一边。

【胫趾爪蹼特征】　胫长而粗，呈青灰色。

【体　重】　平均体重公鸡3 342克，母鸡2 940克。

【品种评价及开发利用】　具有个体大、肉质好等有利性状，但早期生长速度慢，长羽迟，繁殖率低。

5. 溧阳鸡

【中心产区】　江苏省溧阳县。

【体　型】　体型较大，体型略呈方形（图2-5）。

图2-5　溧阳鸡

【羽毛及羽色】　公鸡羽色为黄色或橘黄色，主翼羽有黑与半黄半黑之分，副翼羽黄色或半黑，主尾羽黑色，胸羽、梳羽、蓑羽金黄色或橘黄色，有的羽毛有黑镶边。母鸡全身羽毛平贴体躯，翼羽紧贴，羽毛绝大部分呈草黄色，有少数呈黄麻色。

【头　型】 耳叶、肉垂较大，均鲜红色；眼大，虹彩呈橘红色，喙呈黄色。

【冠　型】 公鸡单冠直立，冠齿一般为5个，齿刻深；母鸡分单冠直立和倒冠之分。

【胫趾爪蹼特征】 脚多呈黄色。

【体　重】 平均体重公鸡3 300克；母鸡2 600克。

【品种评价及开发利用】 体型大，肉质鲜美的黄羽鸡种，具有脚粗、胸宽，肌肉较丰满，觅食力强，宜放牧饲养等特点。

6. 河田鸡

【中心产区】 福建省长汀、上杭两县。

【体　型】 颈粗，躯短，胸宽，背阔，胫中等长，体型近方形（图2-6）。母鸡腹部丰满。

图2-6　河田鸡

【羽毛及羽色】 公鸡头部梳羽呈浅褐色，背、胸、腹羽呈浅黄色，蓑羽呈鲜艳的浅黄色，尾羽、镰羽黑色有光泽，但镰羽不发达。主翼羽黑色，有浅黄色镶边。母鸡羽毛以黄色为主，颈羽边缘黑色。

【肤　色】 皮肤白色或黄色。

【头　型】　耳叶椭圆红色。喙基部褐色，喙尖呈浅黄色。

【冠　型】　单冠直立，冠齿5个，冠叶前为单片，后部分裂成叉状冠尾，鲜红色。

【胫趾爪蹼特征】　胫深黄色。

【体　重】　平均体重公鸡1 725克，母鸡1 208克。

【独特特征】　冠叶后部分裂成叉状冠尾。

【品种评价及开发利用】　具有体型浑圆，胴体丰满，皮薄骨细，肉质细嫩，肉味鲜美，肉色洁白，皮下及腹部有积贮脂肪等特点；但繁殖力较差，前期生长缓慢，屠宰率较低。

7.霞烟鸡（原名下烟鸡，又名肥种鸡）

【中心产区】　广西壮族自治区容县石寨乡下烟村。

【体　型】　体躯短圆，腹部丰满，胸宽、胸深与骨盆宽相近，整个外形呈方形（图2-7）。母鸡背平、胸宽、龙骨略短，腹部丰满。

图2-7　霞烟鸡

【羽毛及羽色】　公鸡羽毛黄红色，梳羽颜色较胸、背羽为深，主、副翼羽带黑斑或白斑，有些公鸡蓑羽和镰羽有极浅的横斑纹，尾羽不发达。母鸡羽毛黄色。

【肤　色】　皮肤白色或黄色。

【头　型】　头较大，肉垂、耳叶均鲜红色。虹彩橘红色。喙基深褐色，喙尖浅黄色。

【冠　型】　单冠。

【胫趾爪蹼特征】　胫黄色。

【独特特征】　临近开产的母鸡，耻骨与龙骨之间已能并容三指，也是该鸡种的重要特征。

【体　重】　平均体重公鸡2178克，母鸡1915克。

【品种评价及开发利用】　体型较大，羽毛黄色，体态丰满。但繁殖力低，羽毛着生慢。

8．丝毛乌骨鸡

【中心产区】　江西省吉安市（原泰和县），福建省泉州市、厦门市和闽南沿海等地。

【体　型】　结构紧凑细致，体态轻盈（图2-8）。

图2-8　丝毛乌骨鸡

【羽毛及羽色】　除翼羽和尾羽外，全身的羽片因羽小枝没有羽钩而分裂成丝绒状。翼羽较短，羽片的末端常有不完全的分裂。尾羽和公鸡的镰羽不发达。

【肤　色】　皮肤乌色。

【头　型】　头小。耳呈暗紫色，性成熟前蓝绿色，凤头。有胡须。

【冠　型】　桑椹冠，属草莓冠类型。

【胫趾爪蹼特征】　胫部和第四趾着生胫羽和趾羽，脚有五趾。

【体　重】　平均体重公鸡1555克，母鸡1315克。

【独特特征】　桑椹冠，缨头，胡须，丝羽，五爪，毛脚，乌皮，乌肉，乌骨。

【品种评价及开发利用】　具有独特的体型外貌，其乌皮、乌骨、乌肉是入药的主要原料。

9. 石岐杂鸡

【中心产区】　广东省中山市。

【体　型】　躯体丰满，胸肌发达（图2-9）。

【羽毛及羽色】　公鸡羽毛多为黄色或枣红色，主翼羽有黑色。母鸡羽毛有黄色、麻色，尤其以麻色居多。

图2-9　石岐杂鸡

【肤　色】　黄色、白玉色，以白玉色居多。

【头　型】　头部大小适中。耳叶、肉髯鲜红，虹彩橙黄色。

【冠　型】　冠型多为单冠直立，冠齿6～7个。

【体　重】　平均体重公鸡2150克，母鸡1550克。

（二）肉蛋兼用型

1. 固始鸡

【中心产区】　河南省固始县。

【体　型】　个体中等，外观清秀灵活，体型细致紧凑，结构匀称，羽毛丰满，尾型独特（图2-10）。

图2-10 固始鸡

【羽毛及羽色】 公鸡羽色呈深红色或黄色，镰羽多带黑色而富有青铜光泽。母鸡的羽色以麻黄色和黄色为主，白、黑色很少。

【肤　色】 皮肤呈暗白色。

【头　型】 冠、肉垂、耳叶和脸呈红色，眼大略向外突起，虹彩呈浅栗色，喙短略弯曲。

【冠　型】 冠型分单冠和豆冠，冠以单冠居多，直立，冠齿6个，冠后缘冠叶分叉。

【胫趾爪蹼特征】 胫呈靛青色，四趾，无胫羽。

【体　重】 平均体重公鸡2 470克，母鸡1 780克。

【产蛋性能】 平均产蛋量151枚，平均蛋重50.5克。

【独特特征】 尾型独特，分佛手状尾和直尾，佛手状尾羽向后上方卷曲，悬空飘摇。

【品种评价及开发利用】 产蛋量较高，蛋品质好，但胴体品质和产肉性能较差。

2．萧　山　鸡

【中心产区】 浙江省萧山市。

【体　型】 体型较大，外形近似方而浑圆（图2-11）。公鸡体格健壮，母鸡体态匀称，骨骼较细。

图 2-11 萧山鸡

【羽毛及羽色】 公鸡全身羽毛有红、黄两种,两者颈、翼、背部羽毛较深,尾羽多呈黑色;母鸡全身羽毛基本黄色,基部褐色,但麻色也不少。颈、翼、尾部间有少量黑色羽毛。

【头 型】 头型适中。耳、肉垂红色,虹彩橙黄色,眼球略小。

【冠 型】 公鸡单冠、直立、呈红色,中等大小;母鸡单冠红色,冠齿大小不一。

【胫趾爪蹼特征】 胫呈黄色。

【体 重】 平均体重公鸡2 759克,母鸡1 940克。

【产蛋性能】 产蛋量120～150枚,蛋重54～56克。

【品种评价及开发利用】 肉质优良,体型匀称。是用以生产配套杂交的优良黄羽肉鸡。

3. 寿 光 鸡

【中心产区】 山东省寿光市。

【体 型】 分大、中型两种,少数为小型。大型寿光鸡外貌雄伟,骨骼粗壮,体长胸深,胸部发达,胫高(图2-12)。

【羽毛及羽色】 全身羽毛黑色。颈背面、前胸、背、鞍、腰、肩、翼羽、镰羽等部位呈深黑色,并闪绿色光泽。其他部位羽毛略淡,呈黑灰色。

图2-12 寿光鸡

【肤　色】 皮肤白色。

【头　型】 多为平头。大型鸡头较大，脸粗糙，眼大稍凹陷；中型鸡头大小适中，脸平滑清秀。

【冠　型】 单冠，公鸡冠大直立，母鸡冠有大小之分，呈红色。

【胫趾爪蹼特征】 胫、趾灰黑色。

【体　重】 平均体重公鸡3 242克；母鸡2 820克。

【产蛋性能】 平均产蛋量150枚，蛋重60～70克。

【品种评价及开发利用】 遗传性稳定，外貌特征一致，体型硕大，蛋重大，就巢性弱；但早期生长慢，成熟晚，产蛋量少。

4. 北京油鸡

【中心产区】 北京市近郊。

【体　型】 体躯中等。赤褐羽油鸡体型较小；黄羽油鸡体型略大（图2-13）。

【羽毛及羽色】 羽毛厚密而蓬松，有赤褐羽和黄羽两种。公鸡羽毛色泽鲜艳光亮，尾羽多呈黑色。母鸡尾羽与主、副翼羽中常夹有黑色或以羽轴为中界的半黑半黄的羽片。

【头　型】 头较小，凤头。不少个体有髯须，即胡子嘴。

【冠　型】 单冠，冠叶小而薄，冠齿不整，冠叶前段形成S

状褶曲。

【胫趾爪蹼特征】 胫略短，胫趾有羽毛即毛腿，胫呈黄色。

【体　重】 平均体重公鸡2 049克，母鸡1 730克。

【产蛋性能】 产蛋量110～125枚，平均蛋重56克。

【品种评价及开发利用】 肉味好，蛋质佳，生活力较强，遗传性稳定，是我国一个珍贵的地方鸡种。

图2-13　北京油鸡

a.红羽　b.黄羽

5. 大骨鸡（庄河鸡）

【主要分布区】 辽宁省东港市（东沟）、凤城市、普兰店市（新金）、瓦房店市（复县）等地。

【体　型】 体型魁伟，胸深且广，背宽而长，腿高粗壮，腹部丰满，敦实有力（图2-14）。

图2-14　大骨鸡（庄河鸡）

【羽毛及羽色】　公鸡羽毛棕红色，尾羽黑色并带金属光泽；母鸡多呈麻黄色。

【头　型】　头颈粗壮，喙呈黄色，耳叶、肉垂红色。

【冠　型】　单冠呈红色。

【胫趾爪蹼特征】　胫、趾均呈黄色。

【体　重】　平均体重公鸡2 900克，母鸡2 300克。

【产蛋性能】　产蛋量164～180枚，蛋重62～64克。

【品种评价及开发利用】　是以蛋大为突出特点的兼用型地方鸡种。

6. 狼 山 鸡

【中心产区】　江苏省如东县的马塘、岔河。

【体　型】　体格健壮，头昂尾翘，背部较凹，按体型分重型及轻型两种（图2-15）。

【羽毛及羽色】　分纯黑、黄、白三种，以黑色居多，黄色次之，白色最少，羽毛紧贴躯体。

图2-15　狼山鸡

a. 黑羽　b. 白羽

【肤　色】　皮肤呈白色。

【头　型】　短圆细致，脸部、耳叶及肉垂呈鲜红色。虹彩以黄色为主，间有黄褐色，喙黑褐色，尖端稍淡。

【冠　型】　单冠直立，冠齿5～6个。

【胫趾爪蹼特征】　胫黑色，较细长。

【体　重】　平均体重公鸡2840克，母鸡2283克。

【产蛋性能】　产蛋量135～175枚，平均蛋重58.7克。

【独特特征】　呈纯黑色，有时9～10根主翼羽呈白色。雏鸡额部、腹及翼尖呈淡黄色，换羽后变为黑色。

【品种评价及开发利用】　对本品种保护和培育并进行品系繁殖，对黑羽中的快羽和慢羽开展选育并进行雏雌雄鉴别。

（三）蛋用型

1. 仙居鸡

【中心产区】　浙江省仙居县。

【体型】　外形结构紧凑，体态匀称，头昂胸挺，尾羽高翘，背平直，具有蛋用鸡的体型（图2-16）。

图2-16　仙居鸡

【羽毛及羽色】　羽毛紧密贴体，尾羽高翘，公鸡羽毛呈黄红色，梳羽、蓑羽色较浅有光泽，主翼羽红夹黑毛，镰羽和尾羽均为黑色。母鸡以黄色为主，颈羽颜色较深，主翼羽片半黄半黑，尾羽黑色。

【头　型】　头适中，颜面清秀。耳叶椭圆。虹彩多呈橘红色，也有金黄、褐、灰黑等色。

【冠　型】　单冠。冠齿5～7个，公鸡冠直立，母鸡冠矮。

【胫趾爪蹼特征】　胫趾有黄、青二色，少数胫部有小羽。

【体　重】　平均体重公鸡1 440克；母鸡1 250克。

【产蛋性能】　产蛋量180～200枚，平均蛋重42克。

【品种评价及开发利用】　该鸡种个体小，骨骼纤细，有较高的屠宰率，肉鲜美可口。

2. 白耳黄鸡

【中心产区】　江西省上饶市广丰、上饶、玉山和浙江省江山市。

【体　型】　体型矮小，体重较轻，后躯宽大，属蛋用型鸡种体型（图2-17）。公鸡体型呈船形，母鸡体躯呈三角形，结构紧凑。

图2-17　白耳黄鸡

【羽毛及羽色】　羽毛紧密，公鸡头部羽毛短，呈橘红色，梳羽深红色，大镰羽不发达，呈墨绿色，小镰羽橘红色，其他羽毛呈淡黄色；母鸡全身羽毛呈黄色。

【肤　色】　皮肤黄色。

【头　型】　头清秀，肉垂呈红色，喙略弯呈黄色、灰褐色。耳叶白色。

【冠　型】　单冠直立，冠齿公鸡4～6个，母鸡6～7个，冠呈鲜红色。

【体　重】　平均体重公鸡1450克；母鸡1190克。

【独特特征】　三黄一白，即黄羽、黄喙、黄脚为三黄，一白为白耳。

【产蛋性能】　平均产蛋量180枚，平均蛋重54克。

【品种评价及开发利用】　蛋大，蛋壳质量好，是蛋鸡育种的素材。

3. 绿壳蛋鸡

【特　点】　绿壳蛋鸡是我国培育的优秀特禽，据中国科学院遗传研究所血型测定结果表明，黑羽绿壳蛋鸡是一个国内外罕见的特异性遗传基因群。该鸡选育时，在兼顾体型外貌全黑、绿壳和产蛋量三大性状指标的前提下重点突出鸡蛋品质的选育。绿壳蛋鸡的肉质和蛋质特别优良，哈氏单位高于其他鸡种，蛋黄中的 β－球蛋白和 γ－球蛋白高。肌肉中各种氨基酸明显高于其他鸡种，尤其是赖氨酸、谷氨酸、天冬氨酸含量特别高。

【主要品种】　国内许多家禽育种场开展绿壳蛋鸡的培育，并且都形成了自己的品种特征。目前养殖的绿壳蛋鸡主要有以下几个品种（图2-18）。

图 2-18　东乡绿壳蛋鸡

（1）黑羽绿壳蛋鸡　由江西省东乡县农业科学研究所和江西省农业科学院畜牧研究所培育而成。体型较小，产蛋性能较高，适应性强，羽毛全黑、乌皮、乌骨、乌肉、乌内脏，喙、趾均为黑色。母鸡羽毛紧凑，单冠直立，冠齿5～6个，眼大有神，大部分耳叶呈浅绿色，肉垂深而薄，羽毛片状，胫细而短，成年体重1.1～1.4千克。公鸡雄健，鸣叫有力，单冠直立，暗紫色，冠齿7～8个，耳叶紫红色，颈羽、尾羽泛绿光且上翘，体重1.4～1.6千克，体型呈"V"形。

（2）三凤绿壳蛋鸡　由江苏省家禽研究所（现中国农业科学院家禽研究所）选育而成。有黄羽、黑羽两个品系，其血缘均来自于我国的地方品种，单冠、黄喙、黄腿、耳叶红色。开产日龄155～160天，开产体重母鸡1.25千克；300日龄平均蛋重45克，500日龄产蛋量180～185枚，父母代鸡群绿壳蛋比率97%左右；大群商品代鸡群中绿壳蛋比率93%～95%。成年公鸡体重1.851～1.9千克，母鸡1.5～1.6千克。

（3）三益绿壳蛋鸡　由武汉市东湖区三益家禽育种有限公司杂交培育而成，其最新的配套组合为东乡黑羽绿壳蛋鸡公鸡作父本，国外引进的粉壳蛋鸡作母本，进行配套杂交。商品代鸡群中麻羽、黄羽、黑羽基本上各占1/3，可利用快慢羽鉴别法进行雌、雄鉴别。母鸡单冠、耳叶红色、青腿、青喙、黄皮；开产日龄150～155天，开产体重平均1.25千克，300日龄蛋重50～52克，500日龄产蛋量平均210枚，绿壳蛋比率85%～90%，成年母鸡平均体重1.5千克。

（4）新杨绿壳蛋鸡　由上海新杨家禽育种中心培育。父系来自于我国经过高度选育的地方品种，母系来自于国外引进的高产白壳或粉壳蛋鸡，经配合力测定后杂交培育而成，以重点突出产蛋性能为主要育种目标。商品代母鸡羽毛白色，但多数鸡身上带

有黑斑；单冠，冠、耳叶多数为红色，少数黑色；60%左右的母鸡青脚、青喙，其余为黄脚、黄喙；开产日龄140天（产蛋率5%），产蛋率达50%的日龄为162天；开产体重1.0～1.1千克，500日龄入舍母鸡产蛋量达230枚，平均蛋重50克，蛋壳颜色基本一致，大群饲养鸡群绿壳蛋比率70%～75%。

（5）招宝绿壳蛋鸡　由福建省永定县雷镇闽西招宝珍禽开发公司选育而成。该鸡种和江西东乡绿壳蛋鸡的血缘来源相似。母鸡羽毛黑色，黑皮、黑肉、黑骨、黑冠。开产日龄较晚，为165～170天，开产平均体重1.05千克，500日龄产蛋量135～150枚，蛋重42～43克，商品代鸡群绿壳蛋比率80%～85%。

（6）昌系绿壳蛋鸡　原产于江西省南昌县。该鸡种体型矮小，羽毛紧凑，未经选育的鸡群毛色杂乱，大致可分为4种类型：白羽型、黑羽型（全身羽毛除颈部有红色羽圈外，均为黑色）、麻羽型（麻色有大麻和小麻）、黄羽型（同时具有黄皮肤、黄脚）。头细小，单冠红色；喙短稍弯，呈黄色。体重较小，成年公鸡体重1.30～1.45千克，成年母鸡体重1.05～1.45千克，部分鸡有胫毛。开产日龄较晚，大群饲养平均为182天，开产体重平均1.25千克，开产平均蛋重38.8克，500日龄平均产蛋量89.4枚，平均蛋重51.3克，就巢率10%左右。

4. 太行鸡（柴鸡）

【中心产区】　河北省广大地区。

【体　型】　体型矮小，体细长，结构匀称，羽毛紧凑，骨骼纤细（图2-19）。

【羽毛及羽色】　公鸡羽色以"红翎公鸡"最多，有深色和浅色。浅色公鸡颈羽及胸部羽毛皆呈浅黄色，背、翼、尾和腹部的羽毛多为红色，但主翼羽和主尾羽中有的羽毛1/2或1/3为黑色和白色；深色公鸡颈、胸部的羽毛为红褐色或羽尖为黑色，而主翼羽和主尾羽有的也混有黑色羽毛。青白、青灰、花斑等羽色的公鸡较少。母鸡羽毛以麻色、狸色最多，约占 50%，黑色次之，占近 20%。其余为芦花色、浅黄色、黄色、白色、银灰色、杂斑等。胫呈铅色或苍白色，少数为绿色或黄色，个别鸡有胫羽。

【肤　色】　皮肤黄色。

【头　型】　头小清秀。喙短而细，呈浅灰色或苍白色，少数全黑色或全黄色。

【冠　型】　冠型比较杂，以单冠为主，约占 90%，豆冠、玫瑰冠较少，极少数还有凤冠、毛髯。肉髯红色、不发达。

【体　重】　平均体重公鸡 1 450 克，母鸡 1 190 克。

【产蛋性能】　产蛋量 150 ～ 180 枚，平均蛋重 43 克。

【品种评价及开发利用】　肉质鲜嫩，肉味鲜美，风味独特。

图 2-19　太行鸡（柴鸡）

二、标准品种

（一）农大矮小鸡

【产　地】　农大矮小鸡是由中国农业大学培育的优良蛋鸡配套系，分为农大褐和农大粉两个品系（图 2-20）。

【生产性能】 农大褐商品鸡120日龄平均体重1 250克,成活率97%,开产日龄150～156天,高峰产蛋率93%;72周龄入舍母鸡平均产蛋275枚,总蛋重15.7～16.4千克,蛋重55～58克,料蛋比2.0～2.1:1,产蛋期成活率96%。

农大粉商品鸡120日龄平均体重1 200克,成活率96%;开产日龄148～153天,高峰产蛋率93%;72周龄入舍鸡平均产蛋278枚,总蛋重15.6～16.7千克,蛋重55～58克,料蛋比2.0～2.1:1,产蛋期成活率96%。

(褐壳) (粉壳)

图2-20 农大3号节粮小型蛋鸡(商品代)

(二)海 兰

海兰蛋鸡是美国海兰国际公司培育引进的著名蛋鸡。分海兰灰、海兰褐、海兰白3个品系(图2-21)。

1. 海 兰 灰

【外貌特征】 海兰灰商品代初生雏鸡全身绒毛为鹅黄色,有小黑点呈点状分布全身,可以通过羽速鉴别雌雄,成年鸡背部羽毛呈灰浅红色,翅间、腿部和尾部呈白色,皮肤、喙和胫的颜色均为黄色,体型轻小清秀。

【生产性能】　0～18周龄成活率96%～98%，18周龄平均体重1.45千克。开产日龄152天左右（达50%产蛋率），72周龄饲养日产蛋总重19.1千克，料蛋比平均为2.3∶1。

2. 海兰褐

【外貌特征】　商品代初生雏，母雏全身红色，公雏全身白色，可羽色自别雌雄。成年鸡全身羽毛红色，尾部上端大都带有少许白色。该鸡的头部较为紧凑，单冠，耳叶红色，也有带有部分白色的。皮肤、喙和胫黄色。体型结实，基本呈元宝形。

【生产性能】　0～18周龄成活率96%～98%，18周龄平均体重1.48千克。开产日龄152天左右（达50%产蛋率），72周龄饲养日产蛋总重19.1千克，料蛋比平均为2.3∶1。

3. 海兰白

【外貌特征】　商品代初生雏鸡全身绒毛为白色，通过羽速鉴别雌雄。

【生产性能】　0～18周龄成活率97%～98%，18周龄平均体重1.28千克。开产日龄155天左右（达50%产蛋率），72周龄饲养日产蛋总重19.1千克，料蛋比平均为2.3∶1。

图2-21　海兰
a.海兰灰蛋鸡　b.海兰褐蛋鸡　c.海兰白蛋鸡

（三）伊 莎

伊莎商品代蛋鸡有 4 个品种，见图 2-22。

图 2-22 伊 莎

a. 伊莎褐蛋鸡　b. 伊莎新红褐蛋鸡　c. 伊莎金彗星蛋鸡　d. 伊莎白蛋鸡

1. 伊莎褐蛋鸡　商品代鸡18周龄平均体重1550克，成活率98%；开产日龄140～147天，25～26周龄达产蛋高峰期，高峰产蛋率95%以上；76周龄入舍母鸡平均产蛋330枚，总蛋重21.3千克，平均蛋重63克，体重1950～2050克；料蛋比2.00～2.10：1，成活率93%。

2. 伊莎新红褐蛋鸡　商品代鸡18周龄平均体重1565克，成活率97%～98%；开产日龄147天左右，25～27周龄达产蛋高峰期，高峰产蛋率94%；76周龄入舍母鸡平均产蛋332枚，总蛋重20.8千克，平均蛋重62克，体重2050～2150克；料蛋比2.12～2.18：1，成活率94%～96%。

3. 伊莎金彗星蛋鸡　商品代鸡18周龄平均体重1430克，育成期成活率97%；高峰产蛋率93%；76周龄入舍母鸡平均体重2000克，平均产蛋305枚，平均蛋重63克，成活率95%。

4. 伊莎白蛋鸡　商品代鸡1～18周龄成活率98%；开产日龄147～154天，29周龄达产蛋高峰期，高峰产蛋率93.5%以上；

76 周龄入舍母鸡平均产蛋 317 枚，总蛋重 19.6 千克，平均蛋重 62 克，19 ～ 76 周平均料蛋比 2.06：1，成活率 93%。

（四）黄羽肉鸡

目前，国内养殖的黄羽肉鸡配套系比较多，著名的有国内培育品种，如苏禽黄鸡、京星黄鸡、"882"优质黄羽肉鸡。

1. 苏禽黄鸡 是由中国农业科学院家禽研究所培育的优质黄鸡系列配套系，分为优质型、快速型和快速青脚型（图 2-23）。

图 2-23 黄羽肉鸡

a. 优质型 b. 快速型 c. 快速青脚型

优质型商品鸡 56 日龄公、母鸡平均体重 1 039 克，料肉比 2.41：1。

快速型商品鸡 56 日龄公、母鸡平均体重 1 707 克，料肉比 2.31：1。

快速青脚型商品鸡 49 日龄公、母鸡平均体重 1 142 克，料肉比 2.21：1；56 日龄公、母鸡平均体重 1 332 克，料肉比 2.43：1。

2. 京星黄鸡 中国农业科学院畜牧研究所培育的优质黄鸡系列配套系，分"100"、"101"和"102"3 个配套系（图 2-24）。

"100"配套系商品代鸡 60 日龄公、母鸡平均体重 1 500 克，料肉比 2.10：1。

"101"配套系商品代鸡 56 日龄公、母鸡平均体重 1 450 克，料肉比 2.45：1。

"102"配套系商品代鸡50日龄公、母鸡平均体重1500克，料肉比2.03∶1。

图2-24 京星黄鸡

a. "100"配套系商品鸡 b. "102"配套系商品鸡

3. **"882"优质黄羽肉鸡** 广州市国营白云家禽发展公司培育的优质鸡系列配套系，分1号、2号、3号系列配套。

1号配套系商品代鸡60日龄公鸡平均体重1400克，料肉比2.3∶1；70日龄母鸡平均体重1350克，料肉比2.7∶1；90日龄母鸡平均体重1750克，料肉比3.0∶1。

2号配套系商品鸡60日龄公鸡平均体重1500克，料肉比2.2∶1；70日龄母鸡平均体重1450克，料肉比2.5∶1；90日龄母鸡平均体重1950克，料肉比2.8∶1。

3号配套系商品鸡60日龄公鸡平均体重1600克，料肉比2.2∶1；70日龄母鸡平均体重1500克，料肉比2.5∶1；90日龄母鸡平均体重2000克，料肉比2.9∶1。

第三章　生态放养鸡场的建筑与设备

　　生态放养鸡的场地、房舍、设备是影响生态放养鸡效果的重要因素之一。生态放养鸡环境相对开放，受外界自然气候影响明显，结合生态放养鸡的生活习性特点，其棚舍和相关设备应确保生态放养鸡的生活力、生产力和安全性。考虑到鸡的品种与用途、各地的气温、养殖规模、饲养方式和放养场地的不同，对鸡舍和设备的要求也不同。鸡场的建设必须通过认真科学的设计，从场址选择、鸡舍建设、布局结构、设备和用具的应用、场区卫生防疫设施等方面综合考虑，做到生产和管理科学合理。

一、场址的选择与布局

（一）放养场地选择的基本原则

　　生态放养鸡场地选择要符合无公害生产、绿色生产原则，生态和可持续发展原则，经济性原则和防疫性原则（图3-1）。

图3-1　放养鸡场

具体要求：

放养场地的环境质量应符合 NY/T 388《畜禽场环境质量标准》要求。欲申报绿色食品鸡蛋或鸡肉认证的放养场地，应符合 NY/T 391《绿色食品产地环境技术条件》要求。

水源充足，水质符合 NY 5027《无公害食品畜禽饮用水质》的规定。

放养场地交通便利，距离交通要道及村庄 500 米以上，远离噪声源和污染源 1 000 米以上。

放养场地宽阔，面积较大（一般在 2 公顷以上），且地势平坦或缓坡，背风向阳。

放养场地最好有天然屏障，便于管理，避雨、避敌和预防疫病传播。

有足够放养鸡可食的野生饲料资源（如昆虫、饲草、野菜、腐殖质等），夏季牧（杂）草生长季节可食草的数量平均在 300 株／米^{2}以上。

按照放养场地的优势顺序依次为：果园（平原和山地）——林地——农田（棉花、玉米等，谷子等易落粒作物不适宜放养）——人工草地——天然草场。

不适宜建场的地区：水源地保护区、旅游区、自然保护区、环境污染严重区、发生重大动物传染病疫区，其他畜禽场、屠宰厂附近，候鸟迁徙途经地和栖息地，山谷洼地易受洪涝威胁地段，退化的草场、草山草坡等。

（二）不同类型放养鸡场地

1. **果园** 果树的害虫和农作物、蔬菜害虫一样，大多属于昆虫的一部分，一生要经过卵、幼虫、蛹、成虫 4 个虫期的变化，在昆虫发育的各个阶段若被鸡发现，都能作为饲料被鸡采食。同时，通过灯光诱虫喂鸡，可明显减少果树虫害，降低农药使用量

1/3，改善生态环境，提高果园产量。在果园选择上，以干果、主干略高的果树和使用农药较少的果园地为佳。最理想的是核桃园、枣园、柿园、桑园，其次为山楂园、苹果园、梨园、杏园。放养期应避开用药和采收期，以减少药害以及鸡对果实的伤害。也可以在用药期，临时用隔网分区喷药，分区放养（图3-2）。

图3-2 果 园

2. **林地** 林地中牧草和动物蛋白质饲料资源丰富，空气新鲜，环境幽静，适宜柴鸡生态放养。林地养鸡应选择合适林分。林冠较稀疏、冠层较高（4～5米以上）、郁闭度在0.5～0.6之间的林分，透光和通气性能较好；林分郁闭度大于0.8或小于0.3时，则不利于雏鸡生长。林地以中成林为佳，最好是成林林地。树枝应高于鸡舍门窗，以利于鸡舍空气流通（图3-3）。

图3-3 林 地

山区林地最好是果园、灌木丛、荆棘林或阔叶林等，土质以沙壤为佳，若是黏质土壤，在放养区应设立一块沙地。附近最好有小溪、池塘等清洁水源。鸡舍建在向阳南坡上。

果园和林间隙地可

以种植苜蓿等饲草。据试验，在鸡日粮中加入 3% ～ 5% 的苜蓿粉不但能使蛋黄颜色变黄，还能降低鸡蛋胆固醇含量。

3.**农田** 农田放养柴鸡可以充分利用田地的杂草、昆虫、蜘蛛、蚯蚓等生物资源，既减少了农作物病虫害及杂草，减少农

药使用量，鸡粪又可以作为农作物的有机肥料（图3-4）。一般选择种植玉米、高粱等高秆作物的农田或不易被放养鸡采食毁坏的棉田，作物的生长期要在 90 天以上。作物长到 50 厘米以上时放入雏鸡，以放养混合雏鸡为主，140 ～ 150 天出栏。棉田

图3-4 农 田

放养柴鸡效益最佳，每 667 米^{2}增加收入（棉＋鸡）较对照组提高 20.26%（194.48 元）～ 159.42%（618.62 元），农药用量减少 2/3（图 3-4）。

4.**山场** 山场具有丰富的动植物资源，如野草、野菜、树叶、子实、昆虫、腐殖质等，空气新鲜，场地宽阔，具有天然疫病隔离屏障，是生态放养柴鸡的好场地（图 3-5）。

5.**草场** 草场具有丰富虫、草资源，鸡群能够采食到大量的绿色植物、昆虫、草籽和土壤中的矿

图3-5 山 场

物质。以草养鸡，鸡粪养草，二者相互受益。草场放养鸡最好选择有树木的草场，中午能为鸡群提供遮阴，下雨时能够避雨。若无树木则需搭建简易的遮阴避雨棚。

我国北方草原虫害主要是各种中小型蝗虫、草原毛虫、草地螟、草原叶甲等，这些昆虫是鸡的好饲料。国内北方草场放养鸡，单鸡全天平均摄食蝗虫净重77克，每只每日采食幼龄蝗虫1400～1700头，鸡只周围500米范围内几乎见不到蝗虫。经多次取样测定，4天内可使虫口密度由平均每平方米50头降低到1～3头，治蝗效率平均达96%。按放牧90天计算，每只牧鸡可控制草场蝗虫发生面积0.67公顷（图3-6）。

图3-6　草　场

（三）放养场地势

在平原的草地、农田、林地或果园，应选择地势高燥平坦、开阔的地方。地势低洼、排水不良，污染物在雨后被冲击沉淀，尤其是积存一些病原微生物和有毒有害的化学物质等，鸡易发生消化道疾病和体内外寄生虫病，所以避免在低洼潮湿及排水不好的地方放养鸡（图3-7）。

图3-7　放养鸡场地势

在丘陵和山区，应选择地势较高、背风向阳的地方，主要放牧地的坡度应在40°以下。避开滑坡、塌方地段，也应避开坡底、谷地以及风口，以免受到山洪和暴雨的袭击。

（四）放养鸡场土壤

只要有丰富的饲草资源和非低洼潮湿地块，任何地质和土壤的地块都可放养。但是考虑放养鸡长期在一个地块生活，地质和土壤对鸡的健康状况产生较大的影响。因此，除了有坡度的山区和丘陵以外，最好是沙质壤土，以防止雨后场地积水而造成泥泞，给鸡体健康形成威胁（图3-8）。

图3-8 沙质土壤

（五）放养场规划布局

1. 规划 生态放养鸡场规模相对较小，各类设施建设和布局相对简单。但总体布局要根据地形、地势和主要风向，便于卫生防疫。

2. 规模计划 根据放养区面积、植被状况，参考表3-1计算出放养鸡规模。一般每一鸡舍（棚）容纳300～500只的产蛋鸡或500只的青年鸡（5～8只／米²）。根据放养鸡规模和建筑规格计算出放养鸡舍面积。

表 3-1 不同放养场地放养柴鸡数量 （单位：只／公顷）

放养场地	果 园	农 田	林 地	山 场	草 场
放养鸡数量	525～750	375～525	450～600	300～750	525～825

3．**场区布局** 柴鸡放养场要求设有生活管理区、生产区、兽医隔离区、废弃物处理区，各区功能界限明显。布局顺序按主导风向及地势高低依次为生活管理区、生产区、兽医隔离区、废弃物处理区（即无害化处理区）（图 3-9）。

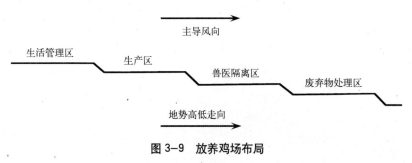

图 3-9 放养鸡场布局

生活管理区包括办公室和生活用房，尽量不受饲料粉尘、粪便气味和其他废弃物的污染。

生产区主要是放养区，依次建有饲料库、蛋库和放养鸡舍。放养鸡舍间距按照放养鸡的活动半径设计，一般不低于 180 米，分散均匀布局。

如地势和风向在方向上不一致时，则以夏季主风向为主。对因地势造成水流方向与建筑物相悖的，可用沟渠改变流水方向，避免污染鸡舍；或者利用侧风向避开主风，将需要重点保护的房舍建在"安全角"的位置，以免受上风向空气污染。根据拟建场区土地条件，也可用林带相隔，拉开距离，将空气自然净化。对人员流动方向的改变，可筑墙阻隔等其他设施或种植灌木加以解决。

场内道路应分为净道和污道，互不交叉。净道用于鸡只、饲料和清洁设备等的运输。污道用于处理鸡粪、死鸡和脏污设备等的运输。饲料、粪便、产品、供水及其他物品的运输尽量呈直线往返，减少拐弯。

二、放养鸡舍的建筑

（一）放养鸡场鸡舍建筑要求

1. **防暑保温**　鸡舍朝南，冬季日光斜射，可以充分利用太阳辐射的温热效应和射入舍内的阳光，以利于鸡舍的保温取暖。

图3-10　鸡舍背风向阳

鸡舍长轴以东西向为主，偏转不超过15°。一般窗户与地面面积之比为1∶5（图3-10）。

2. **排列均匀**　应根据放养规模和放养场地的面积确定搭建棚舍的数量。多棚舍要排列均匀，间隔150～200米。

每一棚舍能容纳300～500只的青年鸡或200～300只的产蛋鸡。

3. **便于防疫**　鸡舍内地基要平整坚实，屋顶、墙壁应光滑平整，耐腐蚀。棚舍内地面要铺垫5厘米厚的沙土，并且根据污染情况定期更换。鸡舍周围30米内不能有积水，以防舍内潮湿孳生病菌。

（二）放养鸡舍建设

普通放养鸡舍可用砖瓦结构，简易棚舍可用竹竿、木棍、钢管、油毡、石棉瓦以及篷布、塑编布等材料搭建。屋顶形状以"A"形为主，跨度较小的也可建成平顶或拱形（图3-11）。

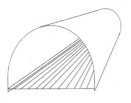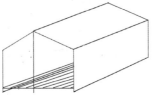

图3-11　放养鸡舍舍顶形式

（三）放养鸡舍类型

放养鸡舍一般分为普通型鸡舍、简易型鸡舍和移动型鸡舍。普通型鸡舍常用于育雏、放养鸡越冬或产蛋鸡；简易型鸡舍一般用于放养季节的青年鸡；移动型鸡舍主要用于青年鸡划区轮牧。

1. **普通型**　要求保温防暑性能及通风换气良好，便于冲洗排水和消毒防疫，舍前有活动场地。鸡舍高2.2～2.5米、宽4～6米、长10～12米。在鸡舍南墙的一端或山墙设1个门，门高2米、宽1.2～1.3米；南墙窗距2.5米，距舍内地面高1米，窗宽、高各0.8～1米（图3-12、图3-13）。每栋能容纳300～500只的产蛋鸡或500只的青年鸡。

图3-12　普通型鸡舍　　　　图3-13　普通组装鸡舍

2. **简易型** 主要为夏、秋季节放养鸡提供遮风避雨、晚间休息场所。棚舍材料可用砖瓦、竹竿、木棍、角铁、钢管、油毡、石棉瓦以及篷布、塑编布、塑料布等搭建；要求棚舍能保温、挡风、不漏雨、不积水。鸡舍高 2 ~ 2.2 米、宽 3 ~ 5 米、长 8 ~ 10 米。一般不设窗户，在棚舍一端或侧面设 1 个门，高 2 米、宽 1.2 ~ 1.3 米。每一棚舍能容纳 200 ~ 300 只的青年鸡或 200 只左右的产蛋鸡（图 3-14）。

图 3-14 简易型鸡舍

3. **移动型** 移动型鸡舍适用于喷洒农药和划区轮牧的棉田、果园、草场等场地，可以充分利用自然资源，便于饲养管理，主要用于放养期间的青年鸡（图 3-15）。一般高 1 ~ 1.5 米、宽 2 ~ 2.5 米、长 3 ~ 5 米，每高 50 厘米设一平隔层。棚舍一侧或两侧为活动侧门，一般用钢架和铁丝网制成，便于车辆运载。每一移动型棚舍可容纳 200 ~ 250 只的青年鸡。

图 3-15 移动型鸡舍

三、放养鸡场的设备和用具

生态放养鸡所需设备和用具，做到简单、实用、易于搬动、维修方便、经济耐用。包括饮水、喂料、产蛋、栖息、诱虫和防护设备及用具等。

（一）饮水设备

放养鸡的活动量大，夏季天气炎热，又经常采食一些高黏度的虫体蛋白质，饮水量较多。要求供水充足、保证清洁，并尽可能节约人力。

1. 真空饮水器  由一圆锥形或圆柱形的容器倒扣在一个浅水盘内，容器浸入浅盘边缘处开有小孔，孔的高度为浅盘深度的1/2左右。当浅盘中水位低于小孔时，容器内的水便流出直至淹没小孔，容器内形成负压，水不再流出。使用时将饮水器吊起，水盘与鸡胸部齐平。真空饮水器轻便实用，也易于清洗（图3-16）。

图3-16 真空饮水器

2. 自动饮水装置 自动饮水装置适用于大面积的放养鸡场。

（1）自动饮水装置Ⅰ 用白铁皮制作或用铁桶改装。水桶离地面30厘米。水槽用白铁皮（雪花板）制作，也可用直径10～12厘米的塑料管沿中间分隔开用作水槽，根据鸡群的活动面积铺设水槽的网络和长度。向水槽内注水由浮力开关控制（图3-17）。

图3-17 自动饮水装置Ⅰ

图 3-18　自动饮水装置 Ⅱ

（2）自动饮水装置 Ⅱ 将一水桶放于离地 3 米高的支架上，用直径 2 厘米的塑料管向鸡群放养场区内布管提供水源，每隔一定长度在水管上安置一个自动饮水碗，该自动饮水器安装了漏水压力开关（图 3-18）。

（二）喂料设备

1. 料桶　料桶可用于 2 周龄以后的小鸡或大鸡，其结构为 1 个圆桶和 1 个料盘，圆桶内装上饲料，鸡吃料时，饲料从圆桶内流出。目前市场上销售的饲料桶有 4 ~ 10 千克的几种规格。容量大，可以减少喂料次数，减少对鸡群的干扰，但由于布料点少，会影响鸡群采食的均匀度。料桶应随着鸡体的生长而提高悬挂的高度，要求料桶圆盘上缘的高度与鸡站立时的肩高相平即可。若料盘的高度过低，因鸡挑食溢出饲料而造成浪费；料盘过高，则影响鸡的采食，影响生长（图 3-19）。

图 3-19　料　桶

2. 料槽　一般采用木板、镀锌板和硬塑料板等材料制作。小鸡用料槽两边斜，底宽 5 ~ 7 厘米，上口宽 10 厘米，槽高 5 ~ 6 厘米，料槽底长 70 ~ 80 厘米；生长鸡或成年鸡用料槽，底宽 10 ~ 15 厘米，上口宽 15 ~ 18 厘米，槽高 10 ~ 12 厘米，料槽底长 110～120 厘米。槽口设置网栅，防止饲料被鸡刨撒和污染（图 3-20）。

3. 自动补饲装置 自动补饲装置由遮雨罩、料仓、导料凸和料槽四部分组成，0.5 毫米厚镀锌板制作。遮雨罩直径 85 厘米、高 20 厘米，与料仓之间有 10 厘米的抄手链接。料仓为直径 35 厘米、高 55 厘米，用 4 个高 2 厘米脚腿连接料槽。料槽直径 55 厘米、高 13 厘米，上缘 2 厘米向内倾斜 45°。料槽内侧宽度 10 厘米。料槽底部中央设圆锥形导

图 3-20 料 槽

图 3-21 自动补饲槽

料凸，固定于料槽底部，与料槽外缘高度相同。直径 39 厘米，四周宽出料仓 2 厘米，便于饲料顺畅流入料槽。整个补饲装置总高 65 厘米（图 3-21）。

加料时向上拉出遮雨罩，饲料加到料仓高度的 80%～90%，盖回遮雨罩。饲料从料仓底部的漏料缝流到料槽。

遮雨罩

料仓

料槽

（三）产蛋窝

规格一般为宽 30 厘米、高 37 厘米、深 37 厘米，前面为产蛋鸡出入口。产蛋窝用砖瓦结构，可搭建 2～3 层，最底层距离地面 0.3 米。每 5 只鸡设 1 个产蛋窝，建于避光安静处，放置应与鸡舍纵向垂直，即产蛋窝的开口面向鸡舍中央。开产初期要驯导鸡在产蛋窝内产蛋，窝内铺设垫草，预先放入 1 个鸡蛋或空壳蛋（图 3-22）。

（四）栖架

栖架设置于普通鸡舍和简易棚舍内，用于放养鸡夜晚在棚舍内休息，避免地面潮湿对鸡的影响。栖架用木杆、竹竿或钢管搭建，可为"A"形，或为离地面高60厘米、间隔50厘米横格栅。"A"形栖架

图 3-22　产蛋窝

顶端角度不小于60°，横档之间的距离不小于35厘米。每只鸡所占栖架的位置不少于17～20厘米（图3-23）。

图 3-23　栖　架

（五）诱虫设备

主要设备有黑光灯（图3-24）、高压灭蛾灯（图3-25）、性激素诱虫盒等。有虫季节在傍晚后于棚舍前活动场内，用支架将诱虫灯悬挂于离地面2～3米高的位置，每天开灯2～3小时。果园和农田每公顷放置15～30个性激素诱虫盒，30～40天更换1次。

图 3-24　黑光灯

图 3-25　高压灭蛾灯

（六）发电设备

在远离电网、不具备风力发电条件的放养鸡场可配备
300 ~ 500 瓦风力发电或汽（柴）油动力发电设备，用于照明及
灯光诱虫。

1. **风力发电机**　太阳辐射的能量在地球表面约有 2% 转化为

图 3-26　风力发电机

风能，适合于供电困难的放养鸡场。常用的 300 瓦和 500 瓦风力发电机组，风轮直经分别为 2.5 米和 2.7 米，工作风速 3 ~ 30 米／秒，塔架高 5.5 米。根据需要确定采购风力发电机的功率，整套装置按着说明书进行安装（图 3-26）。

2. **汽（柴）油发电机**　一般采用的汽（柴）油机功率 1 ~ 5 千瓦，输出功率 5 ~ 10 千瓦，输出单项电压自动调节为 220 伏（图 3-27）。

图 3-27　柴油发电机

（七）防盗报警装置

在需要防范的区域安装好探测器，如果有盗贼或黄鼠狼、野犬等进入探测器的防范区域，探测器立即发射报警信号，主机接收（主机可放在办公室、卧室、客厅等地方）后，立即发出刺耳的警报声并区分出不同的报警防区，快速判断入侵方位。根据需要可配备多个无线探测器。探测器和主机无线工作距离大于600米，远的达 3 ~ 10 千米。无线防盗报警器见图 3-28。

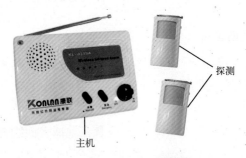

探测

主机

图 3-28　无线防盗报警器

第四章 放养鸡的日粮配制

一、放养鸡的采食特点

（一）杂食性

鸡是杂食动物，且耐粗饲。当放养鸡在野外自由采食时，采食范围非常广泛，动物性、植物性、矿物质饲料都可以被鸡充分利用。常见的有蚂蚁、虫蛹、蚯蚓、蝇蛆、昆虫、树叶、青草、子实等各种营养丰富的生物饲料，不仅可以满足柴鸡自身的营养需要，还可以起到生物灭虫的作用（图4-1）。

（二）觅食力强

放养鸡觅食能力强，能在放养场地找到一切可以利用的营养物质食用，可以在土壤中寻觅到自身所需的矿物质元素，提高自身的抵抗力，大大降低饲料成本和防病成本。鸡群的活动范围非常广阔，经过严格调教的鸡群，觅食范围可达到500米以外（图4-2）。

图4-1 放养鸡在野外采食各种食物

图4-2 放养鸡在野外觅食

47

（三）喜食粒状饲料

喙的形状决定了鸡便于啄食粒状饲料。在不同粒度的饲料混合物中，通常鸡优先啄食直径 3 ～ 4 毫米的饲料颗粒，最后剩下的是粉末状饲料。优质颗粒状配合饲料具有营养价值高、养分含量集中、易采食和减少浪费的优点，而且鸡群采食后可以增强肌胃的研磨功能，促进消化液的分泌，有利于营养物质的消化和吸收。因此，鸡在放牧阶段，尽量选用加工均匀的颗粒状全价饲料作为补充料，以满足放养鸡均衡的营养需要。

二、放养鸡的营养需要及来源

鸡所需要的营养物质主要包括能量、蛋白质或氨基酸、矿物质、维生素及水分 5 大类，除了水以外，前 4 类主要通过饲料来提供。鸡只的营养需要量受到遗传、生理状况、饲养管理及环境等多种因素的影响。

（一）能　量

能量是维持动物生命、生长、生殖、生产等必需的营养要素，能量的需要量因鸡的品种、日龄、生产目的、生理阶段及气候等因素而异。成年母鸡每产 1 枚 58 克重的蛋，需要 536 千焦的代谢能；鸡体每沉积 1 克脂肪需要 65.44 千焦的代谢能；沉积 1 克蛋白质需要 32.41 千焦的代谢能。

放牧饲养的鸡饲粮需有适当的能量蛋白比，而此比例随着放养鸡日龄的增长而提高。据研究表明，育雏期、生长期和肥育期放养鸡饲粮的能蛋比代谢能 [(ME)：粗蛋白质 (CP)] 分别为 58.1 千焦／克、69.0 千焦／克和 72.0 千焦／克。

鸡所需要的能量主要来自日粮中的碳水化合物和脂肪。碳水化合物包括淀粉、单糖、双糖和纤维素，其中淀粉和糖类是鸡的主要供能物质，而纤维素则不能被鸡利用。各种谷实类饲料中都含有丰富的碳水化合物，是鸡的主要能量来源，如玉米（图4-3）、小麦、稻谷、大麦、高粱等，其营养参考值见表4-1。

脂肪是鸡体能量的重要来源，其在体内代谢产生的热能约是碳水化合物的2.25倍。在营养均衡的饲粮中添加油脂，可降低饲料摄食量，改进蛋白质及饲料利用率。植物油（图4-4）是人们应用最多的脂肪来源，含有相当数量的必需脂肪酸，因添加油脂成本太高，在生产实践中不添加或只添加1%～2%蛋白质也可供给能量，但不经济而且营养效率低。

图4-3 玉 米

图4-4 植物油

表4-1 禽常用能量饲料营养参考值

饲料名称	干物质(%)	粗蛋白质(%)	粗脂肪(%)	粗纤维(%)	粗灰分(%)	钙(%)	总磷(%)	鸡代谢能(兆焦／千克)
玉 米	86	7.8	3.5	1.6	1.3	0.02	0.27	13.47
小 麦	87	13.9	1.7	1.9	1.9	0.17	0.41	12.72
稻 谷	86	7.8	1.6	8.2	4.6	0.03	0.36	11.00
大 麦	87	13.0	2.1	2.0	2.2	0.04	0.39	11.21
高 粱	86	9.0	3.4	1.4	1.8	0.13	0.36	12.30

注：摘自《中国禽用饲料成分及营养价值表》

（二）蛋白质

蛋白质是鸡体的重要组成成分，也是鸡蛋和鸡肉的重要组成原料。蛋白质是氨基酸的聚合物，由于氨基酸数量、种类和排列顺序不同而形成了各种各样的蛋白质。按鸡只对氨基酸的需要，通常分为必需氨基酸和非必需氨基酸两大类。必需氨基酸是指鸡体内无法合成或合成速度及数量不能满足正常生长需要，必须由饲料供给的氨基酸；非必需氨基酸是指鸡体内合成较多或需要数量少的一类氨基酸，它们不需要饲料中额外添加，便可满足鸡体的需要。成年鸡的必需氨基酸有蛋氨酸、赖氨酸、色氨酸、苯丙氨酸、亮氨酸、异亮氨酸、缬氨酸、苏氨酸，共8种，雏鸡除上述8种外还有组氨酸、精氨酸、甘氨酸、胱氨酸和酪氨酸，共13种。

放养鸡补饲日粮的调配应考虑必需氨基酸的组成、含量及利用率。必需氨基酸不但量要够，而且要适当平衡，才可降低粗蛋白质的需要量。柴鸡饲粮蛋白质供给量，应依能量浓度来调整，因为饲粮代谢能的变化可改变摄食量，故蛋白质浓度应随之变动。

鸡只所需要的蛋白质主要来源于植物性蛋白质饲料和动物性蛋白质饲料两类，常用的主要有大豆粕（图4-5）、棉籽饼、菜籽饼、花生仁饼、鱼粉（图4-6）、肉骨粉等，营养参考值见表4-2。大豆粕的含硫氨基酸稍有不足，应额外补充蛋氨酸。

图4-5　大豆粕　　　　　图4-6　鱼　粉

表4-2　禽常用蛋白质饲料营养参考值

饲料名称	干物质（%）	粗蛋白质（%）	粗脂肪（%）	粗纤维（%）	粗灰分（%）	钙（%）	总磷（%）	鸡代谢能（兆焦／千克）
大豆粕	89.0	47.9	1.0	4.0	4.9	0.34	0.65	10.04
棉籽饼	88.0	36.3	7.4	12.5	5.7	0.21	0.83	9.04
菜籽饼	88.0	35.7	7.4	11.4	7.2	0.59	0.96	8.16
花生仁饼	88.0	44.7	7.2	5.9	5.1	0.25	0.53	11.63
鱼粉（沿海）	90.0	60.2	4.9	0.5	12.8	4.04	2.90	11.80
肉骨粉	93.0	50.0	8.5	2.8	31.7	9.20	4.70	9.96

注：摘自《中国禽用饲料成分及营养价值表》

（三）维生素

维生素具有调节碳水化合物、蛋白质、脂肪代谢的功能。虽然鸡对维生素的需要量很小，但维生素却对鸡生长发育、生产性能及饲料利用率等有很大影响。维生素可分为脂溶性维生素和水溶性维生素两大类。脂溶性维生素包括维生素 A、维生素 D、维生素 E 和维生素 K，其单位以国际单位（IU）表示；水溶性维生素包括 B 族维生素和维生素 C 等。

由于鸡体不能合成维生素，其需要量主要从饲料中获得。由于饲料原料中维生素含量变异大，不易掌握，而大多数维生素都有不稳定、易氧化的特点和生产工艺上的要求，几乎所有的维生素添加剂都经过特殊加工处理和包装，因此，大多以维生素预混剂的形式添加于饲料中。放牧饲养的鸡群补饲玉米—豆粕型日粮时，较易缺乏维生素 A（图4-7）、维生素 D、维生素 E、维生素 K、维生素 B_2、维生素 B_{12}、泛酸和胆碱（图4-8），

图4-7　维生素 A

应特别注意补充。

（四）矿物质

矿物质是一类无机营养物质，它可以构成鸡体组织，如骨骼和肌肉，调节渗透压，作为体内多种酶的激活剂，调节体内酸碱平衡等。根据体内含量或需要不同分为常量元素和微量元素两大类：常量元素一般在体内含量 0.01% 以上，主

图 4-8　氯化胆碱

要包括钙、磷、钾、钠、氯、镁和硫等元素；微量元素一般在体内含量 0.01% 以下，主要包括铁、锌、铜、锰、钴、碘、硒等元素。

在饲粮中，能量饲料和蛋白质饲料中都含有一定量的矿物质元素，但其含量通常不能满足鸡体的需要，因此需要另外添加。以玉米－豆粕为主的日粮，必须要补充钙、磷、钠、氯、铁、铜、锰、锌、碘和硒等矿物质元素。通常使用食盐来补充钠和氯，使用石粉（图 4-9）、骨粉、贝壳粉及磷酸盐（图 4-10）等补充钙和磷，而其他微量元素均以预混剂的形式添加。

图 4-9　石　粉

图 4-10　磷酸氢钙

三、放养鸡的营养需要推荐量

为了更好地发挥放养鸡的生产性能和保证产品质量，有必要对其各阶段的营养需要进行深入研究，探索出适合于鸡群放牧饲养的补饲标准。我们针对放养鸡在育雏期、生长期、育成期和产蛋期4个时期的不同特点，通过多年研究和试验验证，提出了放养鸡不同生长和生产阶段精料补充料营养推荐量，如表4-3所示。

表4-3　放养鸡营养推荐量

项　目	育雏期 0～6周	育成期 7～20周	开产期	产　蛋 高峰期	其　他 产蛋期
代谢能（兆焦/千克）	11.92	11.80	12.08	12.08	12.08
粗蛋白质（%）	18.00	13.50	16.00	17.00	16.00
钙（%）	0.90	0.70	2.40	3.00	2.80
磷（%）	0.70	0.38	0.44	0.46	0.44
赖氨酸（%）	1.05	0.64	0.73	0.75	0.73
蛋＋胱氨酸（%）	0.77	0.59	0.59	0.62	0.59
维生素A（单位/千克）	6000	4500	5000	6000	5000
维生素E（毫克/千克）	10	10	10	10	10
维生素D（单位/千克）	800	450	500	800	500
维生素K_3（毫克/千克）	0.50	0.5	0.50	0.50	0.50
食盐（%）	0.30	0.3	0.30	0.30	0.30
铁（毫克/千克）	80	60	80	80	80
铜（毫克/千克）	8	6	8	8	8
锌（毫克/千克）	60	40	80	80	80
锰（毫克/千克）	60	40	60	60	60
硒（毫克/千克）	0.30	0.30	0.30	0.30	0.30
碘（毫克/千克）	0.35	0.35	0.35	0.35	0.35

一般情况下，放养鸡可配制育雏期、育成期、开产期、产蛋高峰期、高峰后期5种日粮，其料型、规格、卫生指标等见表4-4。

表4-4　放养鸡日粮种类、规格及相关指标

日粮种类	料型	规格	卫生指标*	贮存
育雏期	粉料。2周龄以内的雏鸡可喂破碎后的颗粒料	该期日粮应全部通过孔径为5.00毫米的编织筛	砷（以总砷计）≤2.0毫克／千克； 铅（以Pb计）≤5.0毫克／千克； 氟（以F计）≤250毫克／千克； 霉菌<$45×10^3$个／克； 黄曲霉毒素B_1≤10微克／千克； 铬（以Cr计）≤10毫克／千克； 汞（以Hg计）≤0.1毫克／千克； 镉（以Cd计）≤0.5毫克／千克； 氰化物（以HCN计）≤50毫克／千克； 亚硝酸盐（以$NaNO_2$计）≤15毫克／千克； 游离棉酚≤100毫克／千克； 异硫氰酸酯（以丙烯基异硫氰酸酯计）≤500毫克／千克； 噁唑烷硫酮≤1000毫克／千克； 六六六≤0.3毫克／千克； 滴滴涕≤0.2毫克／千克； 沙门氏菌不得检出	①饲料贮存仓库应牢固安全，不漏雨、不潮湿，门窗齐全，能通风、能密闭；有防潮、防虫、防鼠、防鸟设施；库内不准堆放化肥、农药、易腐蚀、有毒有害等物资；不应使用化学灭鼠药和杀鸟剂。②仓库配备清扫、运输、整理等仓用工具和材料；配备测温、测湿、通风设备及准确的衡量器。③仓库内保持清洁卫生，物品放置有序；仓外3米内无垃圾、无杂草、无积水；器具保持清洁无虫害。④入库饲料不得带有活的虫害或有毒有害物质；入库、出库饲料品种、规格、数量、生产日期等做好记录；饲料的堆放应考虑安全，防止霉变。⑤饲料贮存期间，应注意温度、湿度的变化，定期进行抽样检测；不合格和变质饲料做无害化处理，不应存放在饲料贮存场所内
育成期	粉料	该期日粮应全部通过孔径为5.00毫米的编织筛	砷（以总砷计）≤2.0毫克／千克； 铅（以Pb计）≤5.0毫克／千克； 氟（以F计）≤250毫克／千克； 霉菌<$45×10^3$个／克； 黄曲霉毒素B_1≤20微克／千克； 铬（以Cr计）≤10毫克／千克； 汞（以Hg计）≤0.1毫克／千克； 镉（以Cd计）≤0.5毫克／千克； 氰化物（以HCN计）≤50毫克／千克； 亚硝酸盐（以$NaNO_2$计）≤15毫克／千克； 游离棉酚≤100毫克／千克； 异硫氰酸酯（以丙烯基异硫氰酸酯计）≤500毫克／千克； 噁唑烷硫酮≤1000毫克／千克； 六六六≤0.3毫克／千克； 滴滴涕≤0.2毫克／千克； 沙门氏菌不得检出	
开产期、产蛋高峰期、高峰后期	粉料	该期日粮应全部通过孔径为7.00毫米的编织筛	砷（以总砷计）≤2.0毫克／千克； 铅（以Pb计）≤5.0毫克／千克； 氟（以F计）≤350毫克／千克； 霉菌<$45×10^3$个／克； 黄曲霉毒素B_1≤20微克／千克； 铬（以Cr计）≤10毫克／千克； 汞（以Hg计）≤0.1毫克／千克； 镉（以Cd计）≤0.5毫克／千克； 氰化物（以HCN计）≤50毫克／千克； 亚硝酸盐（以$NaNO_2$计）≤15毫克／千克； 游离棉酚≤20毫克／千克； 异硫氰酸酯（以丙烯基异硫氰酸酯计）≤500毫克／千克； 噁唑烷硫酮≤500毫克／千克； 六六六≤0.3毫克／千克； 滴滴涕≤0.2毫克／千克； 沙门氏菌不得检出	

注：* 摘自《饲料卫生标准》GB13078-2001；所列允许量均为以干物质含量为88%的饲料为基础计算

四、放养鸡补充料典型配方

根据我们多年的研究和生产实践，推荐几个放养鸡补充料配方（表4-5、表4-6），供参考。

表4-5 放养鸡生长育成期饲料配方 （%）

饲 料	育雏期 (0～6周龄)		育成期 (7～20周龄)		开产前期 (21～22周龄)
	配方1	配方2	配方1	配方2	
玉 米	63.00	44.00	70.00	72.00	67.00
小麦麸	7.00	8.00	9.70	9.05	－
大豆饼	26.64	17.00	12.00	12.00	13.00
花生仁饼	－	8.00	2.50	2.00	－
高 粱	－	10.00	－	－	－
次 粉	－	9.50	2.60	2.00	8.97
酵 母	－	－	－	－	5.00
石 粉	1.50	1.50	1.20	1.40	4.00
磷酸氢钙	1.00	1.10	1.20	1.00	1.40
蛋氨酸	0.05	0.05	－	－	0.08
赖氨酸	0.01	0.05	－	－	－
预混料	0.50	0.50	0.50	0.25	0.25
食 盐	0.30	0.30	0.30	0.30	0.30
主要营养水平					
代谢能（兆焦／千克）	11.87	11.72	12.05	12.86	12.83
粗蛋白质（%）	18.01	18.16	14.03	14.01	15.05
钙（%）	0.94	0.95	0.78	0.80	1.83
有效磷（%）	0.38	0.40	0.36	0.32	0.38
赖氨酸（%）	0.89	0.81	0.56	0.56	0.67
蛋＋胱氨酸（%）	0.66	0.61	0.48	0.49	0.59

表4-6 放养鸡产蛋期饲料配方 （%）

饲 料	产蛋期（23周龄～）			
	开产期	产蛋高峰期1	产蛋高峰期2	其他产蛋期
玉 米	60.20	54.12	67.57	57.00
大豆粕	13.00	17.08	16.00	13.00
花生仁饼	8.00	8.00	8.00	8.00
次 粉	10.00	8.00	—	10.65
石 粉	5.50	7.70	7.00	7.20
磷酸氢钙	1.30	1.20	1.00	1.20
植物油	1.00	3.00	—	2.00
蛋氨酸	0.10	0.10	0.08	0.10
赖氨酸	0.10	—	0.05	0.05
预混料	0.50	0.50	0.25	0.50
食 盐	0.30	0.30	0.05	0.30
主要营养水平				
代谢能（兆焦／千克）	12.03	12.18	12.76	12.19
粗蛋白质（%）	16.00	17.00	16.70	16.10
钙（%）	2.40	3.20	2.85	3.00
有效磷（%）	0.43	0.45	0.35	0.43
赖氨酸（%）	0.74	0.75	0.72	0.71
蛋氨酸（%）	0.35	0.38	0.35	0.36
蛋＋胱氨酸（%）	0.62	0.65	0.63	0.62

第五章 雏鸡培育技术

雏鸡是指 0 ~ 6 周龄的小鸡，这阶段的小鸡对环境适应能力差，抗病力弱，稍有不当，容易生病死亡。因此，在雏鸡培育阶段需要给予细心的照顾，进行科学的饲养管理，以培育出生长发育快、体质健壮的雏鸡。

一、育雏前的准备工作

明确育雏人员及其分工；制定育雏计划，如育雏批次、时间、数量、雏鸡来源等；准备好饲料、垫料及所需药品；做好育雏舍及用具的维修；制定免疫程序等。

育雏设施的维修：门、窗、墙、顶棚、屋顶等有损坏的都要及时修好。

消毒：地面、墙壁、房顶清扫干净，地面先用水冲洗干净，再洒上 2% 火碱水。鸡笼及用具用百毒杀或氯制剂喷雾消毒。舍内(10 克高锰酸钾加 20 毫升 40% 甲醛／米^3)熏蒸消毒，封闭 1 ~ 2 天后，打开门窗通风换气。

准备用具：垫料、料槽（桶）、饮水槽（器）、温度计、湿度计（图 5-1）、饲料、消毒药、预防性常用药等。

预温：接雏前，冬、春季一般提前 2 ~ 3 天，夏季可提前 1 天开始预温，温度应达到 32℃ ~ 35℃。

图 5-1 干湿温度计

二、育雏方式

（一）地面平养

育雏舍地面上铺设 5 厘米厚的垫料，2 周后垫料厚度增加到 15 ～ 20 厘米，垫料于育雏期结束后一次清除。垫料应选择吸水性良好、没有霉变的原料，如木屑、稻草、麦秸等，使用前 1 周在阳光下暴晒，进行自然消毒。

供温设施主要为育雏伞、烟道、火炉等（图 5-2）。

图 5-2　地面平养育雏

（二）网上平养

在舍内用角铁、木棍、竹竿等搭起高 50 ～ 60 厘米的架子，上面铺上 1.2 厘米见方的金属网或硬塑料网，并隔成若干个小栏。舍内要留有走道。

网上平养的供温设施有火炉、育雏伞和红外线灯等（图 5-3）。

图 5-3　网上平养育雏

（三）立体笼养

一般为 3 ～ 4 层重叠立体式，每层高度 33 厘米。两层笼间设置承粪板，间隙 8 ～ 10 厘米。可用电热或暖风炉供温（图 5-4）。

图 5-4　立体笼养育雏

三、　雏鸡的选择与运输

（一）初生雏的选择

健雏活泼好动，绒毛光亮、整齐，大小一致，初生重符合其品种要求。眼亮有神，反应敏感，两腿粗壮，腿脚结实站立稳健，腹部平坦柔软，卵黄吸收良好（不是大肚子鸡），羽毛覆盖整个腹部，肚脐干燥，愈合良好，肛门附近干净，没有白色粪便黏附。叫声清脆响亮，握在手中感到饱满有劲，挣扎有力；如脐部有出血痕迹或发红，呈黑色、棕色或为疔脐者，腿和喙、眼有残疾的均应淘汰，不符合品种要求的也要淘汰。

初生雏的分级标准见表 5-1，供选择雏鸡参考。

表 5-1　初生雏的分级标准

级 别	健 雏	弱 雏	残 次 雏
精神状态	活泼好动，眼亮有神	眼小细长，呆立嗜睡	不睁眼或单眼、瞎眼
体 重	符合本品种要求	过小或符合本品种要求	过小干瘪
腹 部	大小适中，平坦柔软	过大或较小，肛门污	过大或软或硬、青色
脐 部	收缩良好	收缩不良，大肚脐潮湿等	蛋黄吸收不完全、血脐、疔脐
绒 毛	长短适中，毛色光亮，符合品种标准	长或短、脆、色深或浅、粘污	火烧毛、卷毛、无毛
下 肢	两肢健壮、行动稳健	站立不稳、喜卧、行走蹒跚	弯趾跛腿、站不起来
畸 形	无	无	有
脱 水	无	有	严重
活 力	挣脱有力	软绵无力似棉花状	无

（二）雏鸡的运输

1. **选择好运雏人员**　运雏人员必须具备一定的专业知识和运雏经验，还要有较强的责任心。最好是饲养者亲自押运雏鸡。

2. **准备好运雏工具**　包括交通工具（图 5-5）、装雏盒及防雨保温用品等（图 5-6）。装雏盒分 4 个小格，每小格放 25 只雏鸡。冬季和早春运雏要带棉被，毛毯用品。夏季要带遮阴防雨用品。运雏用具和物品用前要消毒。运输过程要做到稳而快。

图 5-5　运雏车

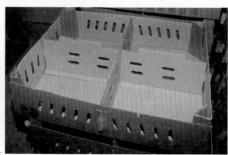

图 5-6　装雏盒

3. **适宜的运雏时间**　夏季运雏宜在日出前或傍晚凉爽时间进行，冬天和早春则宜在中午前后气温相对较高的时间启运。

4. **保温与通气的调剂**　装车时要将雏鸡箱错开摆放，箱周围要留有通风空隙，重叠高度不要过高。运输人员要经常检查雏鸡的情况，每隔 2～3 小时观察 1 次。

5. **防疫检疫证明和运输证明齐全**

四、雏鸡舍的环境控制技术

环境控制包括温度、湿度、通风、光照、密度等，这些是雏鸡生长发育好坏的直接影响因素，控制好环境因素是育雏的关键。

（一）温　度

供温的原则是：初期要高，后期要低；小群要高，大群要低；弱雏要高，壮雏要低；夜间要高，白天要低，高低温度之差为 2℃。育雏期的适宜温度见表 5-2。

表 5-2　育雏期的适宜温度　（℃）

周　龄	1	2	3	4	5	6
适宜温度	35～33	33～30	30～29	28～27	26～24	23～21

（二）湿　度

育雏前期湿度高一些，后期要低。育雏期适宜湿度见表 5-3。

表 5-3　雏鸡的适宜相对湿度　（%）

周　龄	1～2	3～4	5～6
适宜湿度	70～65	65～60	60～55

育雏舍温度、湿度通过干湿温度计测定。

（三）通　风

通风原则是：按不同季节要求的风速调节，按不同品系要求的通风量组织通风，舍内没有死角。雏鸡的通风量见表 5-4。

表5-4　密闭鸡舍不同日龄鸡的换气量　（1000只／小时）

日　龄	体重（克）	换气量（米³）	
		最　大	最　小
0～20	230	1800	456
21～30	305	2400	600
31～50	600	4680	1200
51～70	810	6300	1620

（四）光　照

初生雏的视力弱，光照强度要大一些，需要20～30勒的光照强度。幼雏的消化道容积较小，食物在其中停留的时间短（3个小时左右），需要多次采食才能满足其营养需要，所以要有较长的光照时间来保证幼雏足够的采食量。通常0～2日龄每天要保持24小时的光照时数，3日龄以后，逐日减少光照时数。

育雏光照原则：光照时间只能减少，不能增加，以免性成熟过早，影响以后生产性能的发挥；人工补充光照不能时长时短，以免造成生活规律紊乱；黑暗时间避免漏光。

（五）饲养密度

饲养密度小，不利于保温，而且也不经济。密度过大，鸡群拥挤，容易引起啄癖，采食不均匀，造成鸡群发育不齐，均匀度差等问题。不同饲养方式饲养密度见表5-5。

表5-5　不同饲养方式饲养密度　（只／米²）

周　龄	笼　养	网上饲养	地面饲养
1～2	40～50		25～30
3～4	30～40		20～25
5～6	25～30		15～20

五、雏鸡的饲养管理

(一) 饮　水

雏鸡到达后要先饮水后开食。初饮最好选择 18℃ ~ 20℃ 的温开水，在水中加入 5% ~ 6% 的葡萄糖和水溶性维生素，起到快速补充能量、增强雏鸡抗病力的作用；初饮时要仔细观察鸡群，对没有喝到水的雏鸡进行调教。100 只雏鸡应有 2 ~ 3 个饮水器。饮水器要放在光线明亮之处，要和料盘交错安放。饮水器每天要刷洗 2 ~ 3 次，消毒 1 次。

(二) 喂　料

雏鸡第一次喂食称为开食。在初饮后 2 ~ 3 小时进行。开食料最好用颗粒料或拌潮粉料。用浅平料盘或将饲料拌潮后撒在报纸或塑料薄膜上，任其自由采食。少添勤喂，撒均匀，不剩料。前 1 ~ 6 日每天喂 6 ~ 8 次，7 日后改用料桶或料槽。

雏鸡饮水喂料、雏鸡环境和称重见图 5-7，图 5-8。

图 5-7　雏鸡饮水、喂料

图 5-8　雏鸡舍及称重

雏鸡喂料量及饮水量见表 5-6。

表 5-6　雏鸡喂料量及饮水量　（升 /100 只·日）

周　龄	1	2	3	4	5	6	7	8
喂料量	1	1.8	2.6	3.3	4.0	4.7	5.2	5.7
饮水量	3	5	6.5	8	9	10	12	14

（三）称重与整群

每周抽测体重，出现发育迟缓、个体间差异较大时，查找原因并采取对策。淘汰有严重缺陷的雏鸡，将发育迟缓、体质软弱的雏鸡单独饲养；根据日龄和体重适时分群称重和体尺测量（图 5-9，图 5-10）。

图 5-9　大雏鸡体重测定

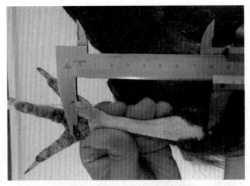

图 5-10 体尺发育测定

（四）调 教

投料时以口哨声或敲击声进行适应性训练，以建立条件反射。

（五）断 喙

断喙时间一般在 9～10 日龄进行。用 150～200 瓦电烙铁。右手握住电烙铁，左手握鸡，左手的拇指放在鸡头顶上，食指放在咽下，略施压力，使鸡缩舌，通过高温将上喙距喙尖 2 毫米处烙断或使喙尖颜色发黑或焦黄，可避免啄癖，到鸡放养时，喙能完全恢复，不影响啄食。

（六）清 粪

每 2～3 天清 1 次粪，以保持育雏舍清洁卫生。

（七）卫生消毒

搞好环境卫生及环境和用具的消毒，定期用百毒杀、新洁尔灭等带鸡消毒。

（八）疫病控制

进鸡后 2～7 天饲料或饮水中加入抗菌药物预防大肠杆菌病、沙门氏菌病、脐炎等，20～30 天在饲料中加入抗球虫药物。按

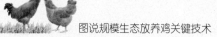

免疫程序接种，免疫前后加电解多维。以后根据情况，在技术人员的指导下合理用药。鸡群免疫见图 5–11。

图 5–11 鸡群免疫

（九）记 录

认真做好每天的各项记录，包括健康状况、体重、采食量、饮水量、饲料变化、温度、湿度、通风、光照、粪便状况、死淘数以及用药情况等。

（十）放 养

根据天气、舍外温度、放养场植被生长情况，在小鸡达到 50日龄左右即可开始放养。

第六章 鸡的生态放养技术

一、鸡的放养技术要点

（一）生态放养条件下鸡的活动范围

1．一般活动半径 不同饲养密度条件下，鸡的活动半径不同。一般 80% 以上的鸡活动半径在 100 米以内。放养鸡活动范围情况见图 6-1、图 6-2、图 6-3。

图 6-1 活动半径的调查

图 6-2 鸡总是在集中饲喂点周边活动

图 6-3 近处光秃秃，远处绿油油

2．最大活动半径 指群体中少数生命力较强的鸡超出一般活动范围，达到离鸡舍最远的活动距离。低密度条件下，最大活动半径在 500 米以内；高密度饲养，最大半径可达

1 000 米。山场放养蛋鸡鸡群活动规律统计见表 6-1。

表 6-1　山场放养蛋鸡鸡群活动规律统计表　（米，只 /667 米 ^{2}，%）

半径 饲养密度	50	100	150	最大半径（米）
20	75.25	92.00	99.00	300 ～ 450
30	73.50	90.50	98.00	400 ～ 500
40	70.25	85.00	97.25	500 ～ 700
50	68.50	82.00	95.25	700 ～ 800
80	65.50	79.25	92.00	800 ～ 1000

（二）放养条件下鸡的活动和产蛋规律

早出晚归是放养鸡的生活习性。一般在日出前 0.5 ～ 1 小时离开鸡舍，日落后 0.5 ～ 1 小时归舍。采食的主动性以日落前后最强，早晨次之，中午多有休息的习惯。但冬季的中午活动比较活跃。

放养鸡产蛋时间分布：80% 左右集中在中午以前，以 9 ～ 11 时为产蛋高峰期。产蛋时间持续到全天，不如笼养鸡集中（图6-4）。

图 6-4　鸡产蛋

（三）放养前应做的准备工作

放养前要进行饲料、胃肠、温度和活动量的适应性锻炼，做好管理和防疫等。准备工作如下。

1. **饲料和胃肠锻炼** 一般在4～8周龄，即在放牧前1～3周，在育雏料中添加一定的青草和青菜，还可加入一定的动物性饲料，特别是虫体饲料，如黄粉虫（图6-5）、蚯蚓（图6-6）、蝇蛆（图6-7）等，使胃肠得到较好的锻炼。在放牧前，青饲料的添加量应占到雏鸡饲喂量的50%以上。

图6-5 黄粉虫   图6-6 蚯 蚓   图6-7 蝇 蛆

2. **温度的锻炼** 育雏后期，逐渐降低育雏舍的温度，使其逐渐适应舍外气候条件，可以提高放养初期的成活率。

3. **活动量的锻炼** 育雏后期，逐渐扩大雏鸡的运动量和活动范围，增强其体质，以适应放养环境（图6-8）。

4. **管理** 为了适应野外生活的条件，在育雏后期，饲养管理逐渐由精细管理过渡到粗放管理。所谓粗放管理，并不是不管，或越粗越好，

图6-8 雏鸡活动量的锻炼

而是在饲喂次数、饮水方式、管理形式等方面接近放养状态。特别是注意调教，以形成条件反射。

5. **抗应激** 放牧前和放牧的最初几天，由于转群、脱温、环境变化等影响，出现一定的应激，免疫力下降。为避免放养后出现应激性疾病，可在补饲饲料或饮水中加入适量维生素 C 或复合维生素，以预防应激。

6. **防疫** 放养前应根据鸡的防疫程序，特别是免疫程序，有条不紊地搞好防疫。提前准备必要的防疫器械和疫苗。

（四）选择合适的季节放养

图 6-9 春芽初生

基本原则：气候稳定，气温适中，雨量较小，有可食资源。

华北地区早春寒冷，3 月份之前气温不稳定，以 4 月中旬以后开始放牧为宜。华北以北地区，推迟半个月到 1 个月。华北以南地区，可提前 1 个月左右（图 6-9）。

（五）放养鸡的调教

规模化养殖，野外大面积放养，必须从小进行调教。特别是遇到刮风、下雨、冰雹、老鹰或黄鼠狼侵袭时，利于在统一指挥下进行规避。

1. **喂食和饮水的调教** 喂食和饮水的调教应在育雏时开始，在放养时强化，并形成条件反射。一般以一种特殊的声音作为信号，这种声音应柔和而响亮，持续时间可长可短。生产中多用吹口哨和敲击金属物品（图 6-10）。

喂食调教前应使鸡有一定的饥饿时间，然后，一边给予信号（如吹口哨），一边喂料，喂料的动作尽量使鸡看得到，加速条件反射的形成。每天反复此动作，一般3天后即可建立条件反射。

图6-10　喂食调教

2. 远牧的调教　很多鸡的活动范围较窄，远处尽管有丰富的饲草资源，它宁可饥饿，也不远行一步。对鸡的调教，一般由2人操作。一人在前面慢步引导前行，按照一定的节奏给予一定的语言口令（如不停地叫；走～～～；），一边撒扬少量的食物作为诱饵；后面一人缓慢舞动驱赶工具前行，同时发出驱赶的语言口令，直至到达牧草丰富的草地。这样连续几日后，鸡群即可逐渐习惯往远处采食（图6-11）。

图6-11　远牧的调教

3.**归巢的调教** 傍晚前，在远处查看，放牧地是否有仍在采食的鸡，并用信号引导其往鸡舍方向返回（图6-12）。如果发现个别鸡在舍外夜宿，应将其捉回鸡舍圈起来，并将其营造的窝破坏。第二天早晨晚些时间将其放出采食。次日傍晚，再检查其是否

图6-12 归巢调教

在外宿窝。如此几次后，便可按时归巢。

4.**上栖架的调教** 在开始转群时，每天晚上打开手电筒，查看是否有卧地的鸡，应及时将其捉到栖架上。经过几次调教之后，形成固定的位次关系，就能按时按次序上栖架（图6-13）。

图6-13 上栖架的调教

（六）分群方法与注意事项

分群是根据放牧条件和鸡的具体情况，将不同品种、不同性别、不同年龄和不同体重的鸡分开饲养，以便于因鸡制宜，有针

对性地管理。

1. 分群的基本原则 本地土鸡，活泼爱动，体质健康，适应性强，活动面积大，群体可适当大些；青年鸡阶段采食量小，饲养密度和群体适当大些。成年鸡的采食量较大，在有限的活动场地放养的数量适当小些；植被状况良好，群体适当大些。植被较差，饲养密度和群体都不应过大；公、母鸡混养，公鸡的活动量大，生长速度快，群体可适当大些。若饲养鉴别母雏，一直饲养到整个生产周期结束，群体不宜过大。

2. 分群的具体操作 分群是从育雏舍到田间放牧的转群阶段进行的工作。育雏舍内每个小区的雏鸡最好分在一个鸡舍内，在晚上进行更好。根据田间每个简易鸡舍容纳鸡的数量，一次性放进足量育成鸡。如果田间简易鸡舍的面积较大，安排的鸡数量较多，应将鸡舍分割成若干单元，每个单元容纳鸡数最好小于500只，以300只为宜（图6-14）。

图6-14 根据放养条件分群

3. 分群注意的问题

（1）切忌大小混养 不同日龄、不同体重和不同生理阶段的鸡混养在一起，无法有针对性地饲养和管理，也不利于疾病的控

制。公母分群见图 6-15，图 6-16。

图 6-15　公母分群（公鸡群）

图 6-16　公母分群（母鸡群）

（2）切忌群体过大　一般草地每公顷容纳鸡的数量 300 ~ 450 只，好的草场可达到 600 ~ 750 只，最高不宜超过 1 200 只。一个饲养单元的面积应控制在 0.7 ~ 3.1 公顷，一般群体应控制在 300 ~ 500 只。

群体过大，使草地退化，过牧严重影响草生长，鸡在野外获得的营养较少，主要依靠人工饲喂，鸡留恋在鸡舍附近，增加饲养成本，还影响鸡的生长发育和产品品质；饲养密度过大，疾病发生率较高，也容易发生啄肛、啄羽和打斗等。

（七）围栏筑网与划区轮牧

生产中采取围栏筑网的目的：①雏鸡放牧初期，能限制其活动范围，防止丢失；以后逐渐放宽活动范围，直至自由活动。②鸡有一定的群居性，众多的鸡生活在较小的范围内，容易形成"近处光秃秃，远处绿油油"。围栏筑网，将较大的鸡群隔离成若干小的鸡群，避免以上现象。③果园或农田，在喷农药期间应停止放牧 1 周以上。围栏筑网，喷施农药可以有计划地进行，使鸡放牧在没有喷施农药或喷施 1 周以上的地块。④农田、果园、山场或林地由家庭承包，围栏筑网可以防止鸡群丢失及对周围作物的破坏，减少邻里摩擦。⑤生态养鸡是让鸡充分采食自然饲料，包括青草、昆虫和腐殖质等。青草的生长速度往往低于鸡的采食速度，为了防止过牧，将一个地块用围网分成若干小区（一般3个左右），使鸡轮流在三个区域内采食，即分区轮牧（图6-17，图6-18）。每个小区放牧1～2周。

图6-17 分区轮牧一

图6-18 分区轮牧二

（八）投喂青草

为了减少对放牧地块生态的破坏，同时也为了降低饲养成本，提高养殖效益，需要采集青草喂鸡。人工采集青草喂鸡有3种方法。

1. **直接投喂法** 将采集到的野草、野菜直接投放在鸡的放牧场地或集中采食场地，让其自由采食。这种方法简便，省工省力，但有一定浪费。

2. **切碎投喂法** 将青草、青菜用菜刀或青草切碎机（图6-19）切碎后饲喂。这种方法一般投放在料槽里，虽然花费了一定劳力，但浪费较少。

图6-19 青草切碎机

3. 打浆饲喂法 将青草、青菜用打浆机（图6-20）打成浆，然后与一定的精饲料搅拌均匀饲喂。这种方式适合规模较大的鸡场，同时配备一定面积的人工牧草种植场。这种方式投入较大，但可有效利用青草，减少饲料浪费，增加鸡的采食量，饲养效果最好。

图6-20 青草打浆机

（九）放养期补料

生态放养鸡仅靠野外自由觅食天然饲料不能满足其生长发育需要。大雏鸡无论是生长期、后备期，还是产蛋期，都应该补充一定的饲料。补料时间以傍晚补料效果好：①如果早晨补料，鸡采食后就不愿意到远处采食，影响全天的野外采食量。中午鸡的食欲最低，是休息的时间，应让其得到充分的休息。②傍晚鸡的食欲旺盛，可在较短的时间内将补充的饲料采食干净，防止撒落在地面的饲料被污染或浪费。③鸡在傍晚补料（图6-21），可根据一天采食情况（看嗉囊的充盈程度和鸡的食欲）便于确定补料量。④鸡在傍晚补料后便上栖架休息，经过一夜的静卧歇息，肠道对饲料的利用率高。⑤傍晚补料可配合信号的调教，诱导鸡回巢，减少窝外鸡。

图6-21 傍晚补料

（十）放养期不同阶段补料量

育雏期采取自由采食的方法，与笼养鸡基本相同，仅仅是在饲料的配合上增加青饲料。放养期根据草地情况酌情掌握补料量。同时随日龄和体重的变化逐渐增加。在一般草地的补料情况参考表 6-2。

表 6-2　柴鸡日补料量和体重参考

周　龄	每只每日补料量（克）	周末平均体重（克）
0～5	自由采食	228
6～7	20～25	410
8～11	30～35	675
12～16	40～45	1100
17～20	45～50	1500

（十一）放养期供水方法

饮水以自动饮水器最佳，以减少饮水污染，保证水的随时供应。

自动饮水器应设置完整的供水系统（图 6-22），包括水源、水塔（或相当于水塔的设备，通过势差将水由高处流向低处）、输水管道、终端（饮水器）等。输水管道最好埋置地下，而终端饮水器应在放牧地块。根据面积大小设置一定的饮水区域，最好与补料区域结合，以便鸡采食后饮水。饮水器的数量应根据鸡的多少设置足够的数量。

但在很多的鸡场不具备饮水系统，特别是水源（水井）问题难以解决。在放牧地周围天然的饮水地（如池塘、河流等）容易被鸡粪便污染，难以保护，因而，不主张在这样的地方自由饮水。而一般小型

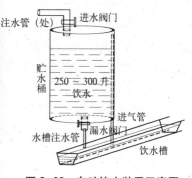

图 6-22　自动饮水装置示意图

鸡场多采取异地拉水。对于这种情况，可制作土饮水器，即利用铁桶作为水罐，利用负压原理，将水输送到开放的饮水管或饮水槽（图6-23）。

图6-23　饮水器与料桶

（十二）放养期诱虫方法

诱虫可以消灭虫害，降低作物和果园的农药使用量，实现生态种植与养殖的有机结合；通过诱虫，为鸡提供一定的动物蛋白质，可降低养殖成本，提高养殖效果。

1. 高压电网诱虫　诱虫光源一般有高压自镇汞灯泡和黑光灯泡（图6-24）。黑光灯诱虫在生产中最常见，利用昆虫的趋光性，使用灯光可大量诱虫。将黑光灯安装在果园一定高度的杆子上，或吊在离地面1.5～2米高的地方，一般每隔200～300米安装1个。安装时其上设1个防雨罩，或3块挡虫玻璃板。黑光灯诱虫采取傍晚开灯，昆虫飞向黑光灯，碰到灯即撞昏落入地面，被鸡直接采食，或落

图6-24　黑光灯

入安装在灯管下面的虫体袋内，次日喂鸡。遇有不良天气时不必开灯，雨后1小时也不要开灯。灯具的周围不要使用其他强光灯具，以免影响应用效果。注意用电安全，灯具工作时不要用手触摸。

2. **高压电弧灭虫灯**　是利用昆虫趋光性的原理，以高压电弧灯发出的强光，诱导昆虫集中于灯下（图6-25）。然后被鸡捕捉

采食。高压电弧灯一般为500瓦（220伏，50赫兹），悬吊于宽敞的放牧地上方，高度可调整，每天傍晚开灯。由于此灯的光线极强，可将周围2000米的昆虫吸引过来。据我们在基地的试验观察，1盏灯每天晚上开启4个小时，可使1500只鸡每天的补料量减少30%。

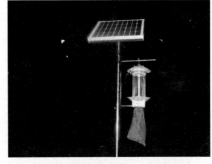

图6-25　高压电弧灭虫灯（太阳能）

3. **性激素诱虫**　利用性激素诱虫也是农田和果园诱杀虫子的一种方法（图6-26）。不过相对于光线诱虫而言，其主要应用于作物或果树的虫情测报和降低虫害发生率（多数是捕杀雄性成虫，使雌性成虫失去交尾机会而降低虫害的发生率）。

图6-26　性激素诱虫

79

性激素诱虫的效果受到多种因素的制约，如，性激素的专一性、种群密度、靶标害虫的飞行距离（即搜寻面积的大小）、性诱器周围的环境及气象条件，尤其是温度和风速。性诱器周围的植被也影响诱捕效果。

（十三）放养期间控制鼠害

老鼠对放牧初期的雏鸡危害较大，即便大一些的鸡，夜间也常常因老鼠活动造成惊群。预防鼠害可采取 4 种方法。

1. 捕鼠器　在放牧前 7 天，在放牧地块里投放鼠夹等捕鼠工具（图 6-27）。一般每公顷投放 30 ～ 45 个，每天傍晚投放，次日早晨观察。凡是捕捉到老鼠的鼠夹，应经过处理（如清洗）后重新投放（曾经夹住老鼠的鼠夹，带有老鼠的气味，使其他老鼠产生躲避行为）。但在放牧期间不可投放鼠夹。

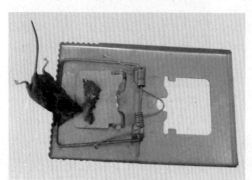

图 6-27　捕鼠夹

2. 毒饵法　在放牧前 2 周，在放牧地投放一定的毒饵（图6-28）。一般每公顷地块投放 30 ～ 45 处，投放处设置明显的标志。每天在放牧地块检查被毒死的老鼠，及时捡出并深埋。连续投放 1 周后，将剩余的毒饵全部取走，然后继续观察 1 周，将死掉的老鼠全部清除。

3. 灌水法　在放牧前，将经过训练的猫或犬牵到放牧地，让其寻找鼠洞，然后往洞内灌水，迫使鼠从洞内

图 6-28　灭鼠毒饵

逃出，然后捕捉。注意有些老鼠一洞多口而从其他洞口逃出。

4. **养鹅驱鼠法**　鹅是由灰雁驯化而来，脚上有蹼，具有水中游泳的本领，喜在水中觅食水草、水藻，在水中嬉戏、求偶、交配。经人类长期驯化，大部分时间在陆地上活动、觅食。其具有水陆两栖性，还具有群居性和可调教性，很容易与饲养人员建立友好关系。

利用鹅的警觉性、攻击性、合群性、草食性、节律性等特点，以鹅护鸡。养鹅对防范放养柴鸡的兽害伤亡效果明显。鸡、鹅比以100∶2～3为宜，大群饲养也可为100∶1的比例（图6–29）。

图 6–29　鹅护鸡

（十四）放养期间控制鹰害

鹰类是益鸟，是人类的朋友。生态养鸡过程中，对它们只能采取驱避的措施，不能捕杀。鹰类总的活动规律基本上与鼠类活动规律相同，即初春、秋季多，盛夏和冬季相对较少；上午9∶00～11∶00、下午4∶00～6∶00多，中午少；晴天多，大风天少。鼠类活动盛期，也是鹰类捕鼠高峰期，鼠密度大的地方，鹰类出现的次数和频率也高。山区和草原较多，平原较少。

1. **鸣枪放炮法**　放牧中有专人看管，注意观察老鹰的行踪。发现老鹰袭来，立即向老鹰方向的空中鸣枪，或向空中放二踢脚（两响）鞭炮（图6–30），使老鹰受到惊吓而逃跑。连续几次之后，老鹰不敢再接近放牧地。但

图 6–30　鸣鞭炮驱鹰

是此方法对于鸡群也有一定影响。

2. 稻草人法 在放牧地里，布置几个稻草人（图6-31），尽量将稻草人扎得高一些，上部捆一些彩色布条，最上面安装一个可以旋转、带有声音的风向标，其声音和颜色及风吹

图6-31 稻草人驱鹰

的晃动，对老鹰产生威慑作用而不敢凑近。

3. 人工驱赶法 放牧时专人看管，手持长柄扫帚或其他工具，发现老鹰接近，立即跑过去，挥舞工具并高声驱赶。如果配备牧羊犬效果更好。

老鹰一般有相对固定的领域。即在一定区域内只有特定几个老鹰活动，其他老鹰不能侵入。只要老鹰经过几次驱赶惊吓，一般不敢再轻易闯入。

（十五）放养期间控制鼬害

黄鼠狼又名黄狼、黄鼬。身体细长、四肢短，尾毛蓬松。雄体体重平均在0.5千克以上。全身棕黄色，鼻尖周围、下唇有时连到颊部有白色（图6-32）。

图6-32 黄鼬（黄鼠狼）

1. 竹筒捕提法 选较黄鼠狼稍长的竹筒(60～70厘米)，里口直径7厘米，筒内光滑无节。把竹筒斜埋于土中，上口与地面平

齐或稍低于地面。筒底放诱饵，如小鼠、青蛙、小鱼、泥鳅等，也可放昆虫等活动物（用网罩住）或火烤过的鸡骨。黄鼠狼觅食钻进竹筒后，无法退出而被活捉。

2. **木箱捕捉法** 制一长100厘米、高20厘米、宽20厘米的木箱。左侧闸门底边2/3处钻一小钉子眼，箱体里面上盖右侧顶部吊一圆环(图6-33)。

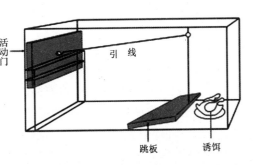

闸门升起，钉子眼处插入一小铁钉卡在左侧闸门活动框的上缘，用一细绳通过顶端圆环连接到下面的跳板上。跳板采用轻质材料，里侧抬高离开木箱底面3～5厘米。

图6-33 捕捉黄鼬木箱示意图

木箱里面放上诱饵。当黄鼠狼进入木箱欲食诱饵而踏上跳板时，细绳拉动铁钉脱离闸门，闸门降下将其关住，遂被活捉。

3. **夹猎法** 将踩板夹放置在黄鼬的洞口或经常活动的地方，黄鼬一触即被夹获。还可在夹子旁放上鼠、蛙、鱼、家禽及其内脏等诱饵，待黄鼬觅食时夹住。方法与老鼠夹相同。

4. **猎犬追踪捕捉** 猎犬追踪黄鼠狼到洞口，如黄鼠狼在洞内，犬会不断摇尾巴或吠叫，这时在洞口设置网具，然后用猎杆从洞的另一端将其赶出洞,将其捉住(图6-34)。

养鹅护鸡对黄鼬也有较好的驱避效果。

图6-34 猎犬捕捉黄鼬

（十六）放养期间控制蛇害

蛇属于爬行纲，蛇目。按照其毒性有无分为有毒蛇（如眼镜蛇、金环蛇、银环蛇、眼镜王蛇、蝮蛇、尖吻蝮、竹叶青、烙铁头等）和无毒蛇（各种游蛇）。

对付蛇害，一般采取2种途径，一是捕捉法，二是驱避法。

1. 捕 捉 法

（1）徒手捕捉法　发现蛇后，要胆大心细，做到眼尖、脚轻、手快、切忌用力过猛或临阵畏缩。民间流传捕蛇的口诀：一顿二叉三踏尾，扬手七寸莫迟疑，顺手松动脊椎骨，捆成缆把挑着回。即发现蛇时，先悄悄接近，然后脚一顿造成振动，使蛇突然受惊不动，然后趁势下蹲迅速抓住蛇颈，立即踏住蛇尾用力拉直蛇身，松动其脊椎骨，使蛇暂时失去缠绕能力并处于半瘫痪状态，再将蛇体卷好，用绳扎牢蛇颈和蛇体，然后放入容器中或用棍棒挑起来，这种方法是捕蛇老手的经验总结（图6-35）。

（2）麻醉捕捉法　诱饵配方为：咖啡50克、胡椒25克、鸡蛋清1.5千克、面粉50克。混合搅成糊团，放在有蛇的地方；也可在蛇经常出没的地方，洒上犬血，人即远离。约半小时后，方圆200米内大小蛇类，不论毒蛇还是无毒蛇，均被诱出。捕蛇前先用芸香精配雄黄擦手。然后用芸香精、雄黄水向蛇身上喷洒，蛇立即浑身发软乏力、不能行动，瘫软在地任人捕捉（图6-36）。切记人接近蛇群时要隐蔽而迅速。

图6-35　徒手捉蛇法

图6-36　麻醉捕蛇法

（3）**工具捕捉法**　圈套法：取一条打通的竹竿，用一根绳穿过其中，一边成套。看到蛇时，把圈套迅速套入蛇颈，立即拉紧绳子，这样蛇即被套住（图6-37）；钩压法：工具是一头装有较尖锐的铁制蛇钩，用蛇钩把毒蛇的头部钩住压在地面上，再用另一只手去抓蛇的颈部（图6-38）。

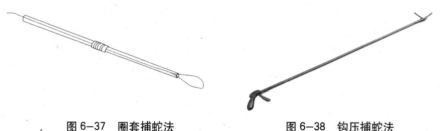

图6-37　圈套捕蛇法　　　　　　　　图6-38　钩压捕蛇法

2. 驱避法

（1）**植物驱避法**　凤仙花又称花梗，凤仙花科（图6-39）。是观赏、药用和食用多用途植物。蛇对此花有忌避，不愿靠近。在放养地周边种植一些凤仙花，可有效地预防蛇的侵入。

据资料介绍，七叶一支花（图6-40）、一点红、万年青、半边莲、八角莲、观音竹等（图6-41），均对蛇有驱避作用；还可在鸡场隔离区种些芋艿（图6-42），不仅能遮阴，而且芋艿汁碰到蛇身上就会让它蜕一层皮，所以蛇也不敢靠近芋艿地。

图6-39　凤仙花　　　　　　图6-40　七叶一支花

图 6-41 观音竹

图 6-42 芋 芳

（2）太阳能驱蛇器 据报道，国内研发了此产品，采用弱光性（非晶硅）太阳能电池板，将太阳能转换为电能储存利用（图6-43）。利用太阳能充储电，白天用声波，夜间声波、光波同时工作，选择令蛇、老鼠、鸟等恐惧不安的特殊声波和光波，使它们迅速逃离覆盖范围，对人体、宠物无害，对环境无任何污染。覆盖范围：

图 6-43 太阳能驱蛇器

$700 \sim 800$ 米^2，适用环境：老鼠、蛇、鸟危害的各种农田、果园、家居、酒楼及仓库等。

（3）养鹅驱蛇 养鹅是预防蛇害非常有效的手段。无论是大蛇、小蛇、毒蛇、菜蛇，鹅均不惧怕，或吃掉，或驱逐。

(十七) 做好夜间安全防范

1. 养鹅报警 鹅警觉性很强，胆子很大，不仅具有报警和防护性，而且具有一定的攻击性。在鸡舍周围饲养适量的鹅，可起到夜间报警作用（图6-44）。

2. 安装无线报警器 在鸡舍的一定位置（高度与鸡群相近，便于搜集鸡受到威胁时发出的声音）安装音响报警器，总控制面板设在

图6-44 养鹅预警

值班室（图6-45）。任何一个鸡舍发生异常，控制面板的信号灯会发出指令，引导值班人员前去处理。

在鸡舍的一定位置安装摄像头，与设置在值班室的电脑连接。当动物侵入、鸡群异常时，值班人员会通过监控屏幕发现，并及时处理。

图6-45 无线报警器

二、产蛋期的放养技术

(一) 开产日龄控制

开产日龄过早，蛋重不能达到柴鸡蛋标准，也很难有较高的产蛋率；开产日龄过晚，产蛋高峰不持久，产蛋率不高，影

图 6-46　母鸡群里投放一定比例的公鸡

响产蛋量和经济效益。河北柴鸡的母鸡 140 日龄左右、体重达 1.4 ~ 1.5 千克时开始产蛋比较合适。可以在母鸡群里投放一定比例（1 ∶ 25 ~ 30）的公鸡（图 6-46），促使其性腺发育，适时开产和增加产蛋量。定期抽测鸡群的体重，如果体重符合设定标准，按照正常饲养，即白天让鸡在放养区内自由采食，傍晚补饲 1 次，日补饲量以 50 ~ 55 克为宜。如果体重达不到标准体重，应增加补料量，每天补料次数可达到 2 次（早、晚各 1 次），或仅在晚上延长补料时间，增加补料数量，但一般在开产前日补料量控制在 70 克以内。

（二）提高鸡蛋常规品质措施

1. 蛋壳厚度　为避免产软蛋、薄壳蛋，要保障蛋鸡饲料中通常含钙 3.2% ~ 3.5%、磷 0.6%，钙与磷的比例为 5.5 ~ 6 ∶ 1。出现产软蛋、薄壳蛋时，应及时补充贝壳粉、石灰石粉、骨粉或磷酸氢钙等，同时补充维生素 D 制剂，如鱼肝油、维生素 AD 粉等。

2. 蛋壳硬度　避免蛋壳不坚固、不耐压（鸡蛋耐压测定见图 6-47），易破碎和蛋壳上有大理石样的斑点。放养鸡日粮中添加 55 ~ 75 毫克／千克的锰，可显著提高蛋壳质量。饮水中加入氯化钠 2 克／升的同时，在日

图 6-47　鸡蛋抗压测定

粮中加入 500 毫克／千克蛋氨酸锌或硫酸锌可显著降低蛋壳缺陷，提高蛋壳强度。注意锰添加量不宜过多，饲料必须混匀。

3. 增稠蛋清　蛋清稀薄，且有鱼腥气味，多为饲料中菜籽饼或鱼粉配合比例过大。注意饲料中菜籽饼用量应在 6% 以内（白壳鸡蛋可略高），鱼粉特别是质量不高的鱼粉不能超过 10%，去毒处理后的菜籽饼可加大配合比例。若蛋清稀薄且浓蛋白层与稀蛋白层界限不清，应适当补充蛋白质或维生素 B_2、维生素 D 等。

4. 蛋清颜色　鸡蛋冷藏后蛋清呈现粉红色，卵黄体积膨大，质地变硬而有弹性，俗称"橡皮蛋"。有的呈现淡绿色、黑褐色，有的出现红色斑点。这与棉籽饼的质量和配合比例过高有关。配合蛋鸡饲料应选用脱毒后的棉籽饼，配合比例应在 7% 以内。

5. 蛋中异样血斑　若鸡蛋中有芝麻或黄豆大小的血斑、血块，或蛋清中有淡红色的鲜血，除因卵巢或输卵管微细血管破裂外，多与饲料中缺乏维生素 K 有关，应适当补充。

（三）降低鸡蛋中的胆固醇含量

采食的青草越多，鸡蛋中的胆固醇含量越低。饲料或饮水中添加微生态制剂，可有效降低鸡蛋中胆固醇的含量。使用笔者研发的生态素，在饮水中添加 3‰，鸡蛋中胆固醇可降低 20% 以上。

复方中草药可以有效降低鸡蛋中的胆固醇含量。方剂：党参80 克，黄芪 80 克，甘草 40 克，何首乌 100 克，杜仲 50 克，当归 50 克，山楂 100 克，白术 40 克，桑叶 60克，桔梗 50 克，罗布麻 80 克，菟丝子 50 克，女贞子 50 克，麦芽 50 克，橘皮 50 克，柴胡 50 克，淫羊藿 70 克，共为细末，拌入 500 千克饲料中，连续饲喂。中药粉剂见图 6-48。

图 6-48　中药粉剂

另外，蛋鸡饲料中添加寡聚糖、类黄酮物质、植物固醇、微量元素铜、铬和钒等均有一定效果。

（四）提高鸡蛋中微量元素含量

鸡蛋中微量元素种类很多，意义比较大的有硒含量和碘含量，也就是高硒蛋和高碘蛋的生产。

一般蛋鸡日粮硒的用量为 0.10 ～ 0.15 毫克／千克。添加高剂量的有机硒，可有效提高鸡蛋中硒的含量。

碘制剂在全价日粮中的含量为 72.5 ～ 145 毫克／千克时，既可提高产蛋性能和饲料转化率，又可提高鸡蛋中的碘含量，对鸡的体重没有影响。

在饲料中添加 3% ～ 5% 的海藻粉（图 6-49），可有效提高鸡蛋中的碘含量。添加 5% 的海藻粉，蛋黄中的碘含量达到 33.12 微克／克，是对照组（4.05 微克／克）的 8.2 倍，同时增加了蛋黄颜色，降低了鸡蛋黄中的胆固醇含量。

图 6-49　海藻粉

（五）改善鸡蛋风味技术

在饲料或饮水中添加一定的物质（对鸡体和人类健康无害），可以增加或改变其风味，使其成为特色鲜明、风味独特的食品。

以沙棘果（图 6-50）渣为主组成的复方添加剂能明显增加蛋黄颜色，且可以改善鸡蛋风味；饲料中添加 1 % 的复方中草药制剂（芝麻、蜂蜜、植物油、益母草、淫羊藿、熟地、神曲、板蓝根、紫苏）饲喂 42 天，可降低破蛋率，使蛋味变香，蛋黄色泽加深，延长产蛋期。饲料中添加 10% 亚麻籽 +5% 去皮双低菜籽可提高鸡蛋中 $\omega-3$ 多不饱和脂肪酸含量。

图 6-50　沙棘果

（六）提高鸡肉风味

①肉仔鸡中添加 3% 秋冬茶下脚料粉末，35 天后可使肉质嫩，味道鲜美。

②肉鸡肥育后期日粮中添加与风味有关的天然中草药、香料（党参、丁香、川芎、沙姜、辣椒、八角），以及合成调味剂、鲜味剂（主要含谷氨酸钠、肌苷酸、核苷酸、鸟苷酸等），肌肉中氨基酸及肌苷酸含量明显提高。

③杜仲、黄芪、白术等中药，按等量比例配伍饲喂鸡，可提高肉鸡肌肉中粗蛋白质含量与肌肉脂肪的沉积能力，改善肉品质。

④生姜、大蒜、辣椒叶、艾叶、陈皮、茴香、花椒、桑叶、车前草、黄芪、甘草、神曲和葎草等 13 味中草药制成中草药饲料添加剂，与益生菌添加剂结合配制成益生中草药合剂饲喂鸡，可使鸡肉风味具有天然调味料的浓郁香味，口感良好，味道纯正。

⑤日粮中添加 0.4% 女贞子（图 6-51）水提取物，可显著改善鸡肉的嫩度。

图 6-51　女贞子

⑥大蒜、辣椒、肉豆蔻、丁香和生姜等饲喂肉鸡，可以改善鸡肉品质，使鸡肉香味浓郁。

⑦沙棘嫩枝叶添加到鸡日粮中，可提高鸡肉中氨基酸和蛋白质的含量，改善鸡肉品质，并能增强动物机体免疫能力。

⑧芦荟和蜂胶作为饲料添加剂，具有提高蛋白质的代谢率、胸肌率、腿肌率和降低腹脂率的作用，从而改善鸡肉品质。

（七）评判鸡蛋蛋黄颜色方法

1. 蛋黄颜色的评判标准　目前多以罗氏公司（Roche）制造的罗氏比色扇进行评判。按照黄颜色的深浅分成 15 个等级，分别由长条状面板表示，并由浅到深依次排列。

（1）测定方法　搜集鲜蛋，统一编号。然后打破蛋壳，倒出蛋清，留下蛋黄，使用罗氏比色扇在日光灯下测定蛋黄颜色指数（图6-52）。将比色扇打开，使鸡蛋黄位于扇叶之间，反复比较颜色的深浅，最后以最接近比色扇的颜色定位该鸡蛋黄的色度。

图 6-52　蛋黄颜色测定

（2）注意事项　一般由 3 个人分别测定，取其平均数作为该鸡蛋蛋黄颜色的色度。蛋黄颜色指数读数准确到整数位，平均值保留小数点后 1 位。

国家规定，出口鸡蛋的蛋黄颜色不低于 8。放养条件下的河北本地柴鸡生产的鸡蛋，一般蛋黄色度在 10 左右。

2. 熟鸡蛋测定法　为了防止在鸡饲料中添加人工合成色素，

可采取测定熟鸡蛋的方法。每批鸡蛋取 30 枚以上，煮沸 10 分钟，取出置于凉水中降温后连壳从中间纵向切开，由不同的测定者使用上述比色扇测定 3 次，取平均数。

（八）提高鸡蛋黄颜色的方法

在饲料中添加以下天然物质，对于提高蛋黄色泽具有显著效果。

①万寿菊：采集万寿菊花瓣，风干后研成细末，添加在鸡饲料中可使蛋黄呈深橙色，又可使肉鸡皮肤呈金黄色（图 6-53）。

②橘皮粉：将橘皮晾干磨成粉，在鸡饲料中添加 2%～5%，可使蛋黄颜色加深，并可明显提高产蛋量。

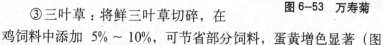

图 6-53　万寿菊

③三叶草：将鲜三叶草切碎，在鸡饲料中添加 5%～10%，可节省部分饲料，蛋黄增色显著（图 6-54）。

④海带或其他海藻：粉碎后在鸡饲料中添加 2%～6%，蛋黄色泽可提高 2～3 个等级，且可产下高碘蛋。

图 6-54　三叶草

⑤万年菊花瓣：在开花时采集花瓣，烘干后粉碎（通过 2 毫米筛孔），按 0.3% 的比例添加饲喂；

⑥松针叶粉：将松树嫩枝叶晾干粉碎成细颗粒，在鸡饲料中添加 3%～5%，有良好的增色效果，并可提高产蛋率 13% 左右。

⑦胡萝卜：取鲜胡萝卜，洗净捣烂，按 20% 的添加量饲喂。

⑧栀子：将栀子研成粉，在鸡饲料中添加 0.5% ~ 1%，可使蛋黄呈深黄色，提高产蛋率6% ~ 7%。

⑨苋菜：将苋菜切碎，在鸡饲料中添加 8% ~ 10%，可使蛋黄呈橘黄色，且能节省饲料和提高产蛋量8% ~ 15%左右（图6-55）。

⑩南瓜：将老南瓜剁碎，在鸡饲料中掺入 10%，增加蛋黄色泽。

⑪玉米花粉：取鲜玉米花粉晒干，按 0.5%的添加量添加饲喂。

⑫红辣椒粉：在鸡饲料中添加 0.3% ~ 0.6%的红辣椒粉，可提高蛋黄、皮肤和皮下脂肪的色泽，并能增进食欲，提高产蛋量。

⑬聚合草：刈割风干后粉碎成粉，在鸡饲料中添加5%，可使蛋黄的颜色从1级提高到6级，鸡皮肤及脂肪呈金黄色（图6-56）。

不提倡添加人工合成的色素类物质，过量添加，对人体有害。

图 6-55 苋 菜

图 6-56 聚合草

（九）合理补料

放养期补料次数越多，效果越差。有的鸡场每天补料3次，甚至更多，这样使鸡养成了等、靠、要的懒惰恶习，不到远处采食，每天在鸡舍周围，等主人喂料。越是在鸡舍周围的鸡，尽管

它获得的补充饲料数量较多，但生长发育最慢，疾病发生率也

高。凡是不依赖喂食的鸡，生长反而更快，抗病力更强。一般傍晚一次性补足饲料，让鸡自由采食吃足吃饱（图6-57）；也可以早、晚两次补料，即一次补充饲料不能满足产蛋高峰期需要的情况下，两次补料，即早晨补充全天的1/3或2/5，傍晚补充全天的2/3或3/5。

图6-57　日落前集中补料

（十）科学控制光照

1. 熟悉当地自然光照情况　我国大部分地区自然光照情况是冬至到夏至期间由短逐渐变长，称为渐长期。从夏至到冬至期间由长逐渐缩短，称为渐短期。应从当地气象部门获取当地每日光照时间资料，以便制定每日的光照计划。

2. 光照原则　在生产实践中，日自然光照时间不足需人工光照补足。光照时间的基本原则是育成期光照时间不能延长，产蛋期光照时间不能缩短。一般产蛋高峰期光照时间控制在16小时即可。再增加光照时间作用不大。

3. 补光方法　一般多采取晚上补光，配合补料和光照诱虫一举多得。也可以采取两头补光，即早晨和傍晚两次将光照时间达到设计程序规定时数，对于产蛋高峰期的鸡多采取这种方法。人工补光见图6-58。

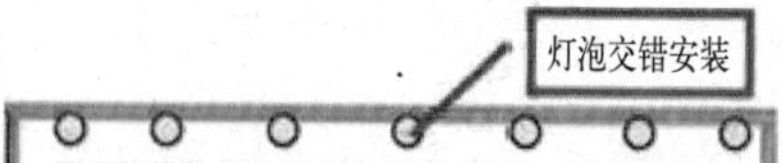

4. 注意的问题　人工补充

图6-58　人工补光

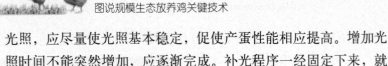

光照，应尽量使光照基本稳定，促使产蛋性能相应提高。增加光照时间不能突然增加，应逐渐完成。补光程序一经固定下来，就不要轻易改变。

（十一）减少窝外产蛋

1. 根据产蛋习性，创造适宜条件

（1）喜暗性　鸡喜欢在光线较暗的地方产蛋，产蛋箱应背光放置或遮暗，产蛋箱要避开光源直射。

（2）色敏性　禽类对颜色的区别能力较差，只对红、黄、绿光敏感。母鸡喜欢在深黄色或绿色的产蛋箱内产蛋。

（3）定巢性　鸡的第一枚蛋产在什么地方，以后仍到此产蛋，如果这个地方被别的鸡占用，宁可在巢门口等候而不愿进入旁边的空巢，在等不及时往往几只鸡同时挤在一个产蛋箱内。这样，就发生等窝、争窝现象，相互争斗和踩破鸡蛋，斗败的鸡就另寻去处或将蛋产在箱外。等待时间过长会抑制排卵，推迟下次排卵而减少产蛋量。

（4）隐蔽性　鸡喜欢到安静、隐蔽的地方产蛋。产蛋箱设置要有一定的高度和深度，鸡进入其中隐蔽性较好，免受其他鸡的骚扰。饲养员在操作中要轻、稳，以免弄出突然的响声惊吓正在产蛋的鸡，而产生双黄蛋等异常现象。

（5）探究性　母鸡在产第一枚蛋之前，往往表现出不安，寻找合适的产蛋地点。在临产前爱在蛋箱前来回走动，伸颈凝视箱内。认好窝后，轻踏脚步试探入箱卧下，左右扒开垫料成窝形。离窝回顾，发出产蛋后特有的鸣叫声。因此，种鸡蛋箱的踏步高度应不超过40厘米。

2. 解决好垫料问题

（1）垫料颜色　垫料颜色影响鸡的窝外蛋。产蛋鸡对垫料的颜色有选择性，对灰色和褐色的垫料比橘黄色、白色和黑色的同

样垫料更喜欢。

（2）垫料卫生和垫料厚度 要保证产蛋箱内垫料干燥、清洁，无鸡粪。刚产出的蛋表面比较湿润，蛋自身湿度与舍温温差较大，表面细菌极易侵入，因此必须及时清除窝内垫料中的异物、粪便或潮湿的垫料，经常更换新的经消毒的疏松垫料。垫料的厚度大约为产蛋窝深度的 1/3，带鸡消毒时应对产蛋箱一并喷雾消毒。防止舍内垫料潮湿和饮水器具的跑冒漏现象，降低舍内湿度。

图 6-59 窝外蛋

窝外蛋见图 6-59。

3.合理设置产蛋箱

（1）产蛋箱数量 可每 5 只母鸡配备 1 个产蛋箱（窝）。

（2）产蛋箱摆放 分布要均匀，放置应与鸡舍纵向垂直，即产蛋箱的开口面向鸡舍中央。蛋箱应尽可能置于避光幽暗的地方（图 6-60、图 6-61）。要遮盖好蛋箱的前上部和后上部。开产前

图 6-60 木质产蛋箱

图 6-61 砖砌产蛋窝

将产蛋箱放在地面上，鸡很容易熟悉和适应产蛋环境，而且避免了部分母鸡在产蛋箱下较暗的地方做窝产蛋。产蛋高峰期再将蛋箱逐渐提高，此时鸡已经形成了就巢产蛋习惯，便不产地面蛋了。

（3）产蛋箱结实度　产蛋箱应维护良好，底板结实，安置稳定，母鸡进出产蛋箱时不应摇晃或活动。进出产蛋箱的板条应有足够的强度，能同时承受几只鸡的重量。

（4）产蛋箱的诱导使用　为了诱导母鸡进入产蛋箱，可在里面提前放入鸡蛋或鸡蛋样物引蛋，如空壳鸡蛋、乒乓球等。

4. **注意捡蛋和蛋的处理**　一般要求日捡蛋 3 ～ 4 次，捡蛋前用 0.1% 新洁尔灭溶液洗手消毒，持经消毒的清洁蛋盘捡蛋。捡蛋时要净污分开，单独存放处理。在最后 1 次收集蛋后要将窝内鸡只抱出。

捡蛋时应将那些表面有垫料、鸡粪、血污的蛋和地面蛋单独放置。在鸡舍内完成第一次选蛋，将砂壳蛋、钢皮蛋、皱纹蛋、畸形蛋，以及过大、过小、过扁、过圆、双黄和破蛋剔出（图 6-62）。

图 6-62　理想的窝总是受到更多鸡的青睐

（十二）脏蛋的防止和处理

脏蛋是由于鸡蛋表面沾污了鸡粪、垫料和泥土等。主要原因是鸡舍卫生不良；饮水外溢，环境潮湿，通风不良；产蛋窝不科学，窝外蛋较多；垫料较少，污浊。减少脏蛋，应该从卫生、干燥、垫草和产蛋窝入手。

鸡蛋表面有污物不要用湿毛巾擦洗，以免破坏鸡蛋的表面保护膜，使鸡蛋更难以保存。可先用细砂布将污物轻轻拭去，并对污染处用0.1%百毒杀溶液进行消毒处理。表面污染严重的鸡蛋（图6-63），要及时捡出，不可作为优质鸡蛋出售。

图6-63　脏蛋集中处理

（十三）检验放养鸡鸡蛋新鲜度的方法

1. **感官鉴别**　用眼睛观察蛋的外观、形状、色泽、清洁程度。新鲜鸡蛋，蛋壳干净、无光泽，壳上有一层白霜，色泽鲜明。陈旧蛋，蛋壳表面的粉霜脱落，壳色油亮，呈乌灰色或暗黑色，有油样浸出；可有较多的霉斑。

2. **手摸鉴别**　把蛋放在手掌心上翻转。新鲜蛋蛋壳较粗糙，重量适当；陈旧蛋，手掂重量轻，手摸有光滑感。

3. **耳听鉴别**　新鲜蛋相互碰击声音清脆，手握蛋摇动无声。陈旧蛋蛋与蛋相互碰击发出嘎嘎声（孵化蛋）、空空声（水花蛋），手握蛋摇动时可听到晃荡声。

4. **鼻嗅鉴别**　用嘴向蛋壳上轻轻哈一口热气，然后用鼻子嗅其气味。新鲜蛋有轻微的生石灰味。

5. **照蛋鉴别**　用专门的照蛋器，或用一箱子，上面挖一个小洞，箱子里放一盏灯泡，将需要检验的鸡蛋放在小洞上，通过从下射出的灯光观察鸡蛋内的结构和轮廓。

新鲜鸡蛋里面一般是实的，没有气室形成。而陈旧鸡蛋气室已经形成。放得时间越长，气室越大；新鲜的鸡蛋呈微红色、半

透明，蛋黄轮廓清晰。而陈旧的鸡蛋发污，较浑浊，蛋黄轮廓模糊。鸡蛋质量检验见图6-64。

图6-64　鸡蛋质量检验

三、不同场地的放养技术特点

（一）果园放养技术

1. 分区轮牧　视果园大小将果园围成若干个小区，进行逐区轮流放牧。可避免喷洒农药造成鸡的农药间接中毒，还有利于牧草的生长和恢复。同时，因放牧范围小，便于气候突变时的管理。

在果园内养鸡，虫害发生率很低，适量的低毒农药喷洒，对鸡群不进行隔离，一般不会发生问题。但为了安全，将果园划分成几个小区，小区间用尼龙网隔开。每个小区轮流喷药，而鸡也在小区间轮流放牧，喷药7天后再放牧。

2. 捕虫与诱虫结合　果园养鸡，由于果树树冠较高，影响了对害虫的自然捕捉率。要起到灭虫降低虫害发生率和农药施用量，应将鸡自然捕虫和灯光诱虫相结合。

3. 慎用除草剂　果园内养鸡，必须保留树下的嫩草，不能喷施除草剂。

4. 注意鸡群规模和放养密度　果园内可食营养有限，鸡群规模大、密度大，易造成过牧现象，使鸡舍周围的土地寸草不长，光秃一片，甚至被鸡将地面刨出一个个深坑。鸡舍在果园要均匀分布，合理规模。

5. **果园养鸡**　以干果果园最好（图6-65）。水果果园（如苹果、梨、桃等）容易被鸡啄果而影响产量和质量（图6-66），可以考虑饲养乌骨鸡（丝毛鸡）。

图6-65　果（核桃）草（苜蓿）间作

图6-66　水果果园养鸡防止果被鸡啄（鸡啄苹果）

（二）棉田放养技术

1. **放养时间**　棉花一般是春季播种，而放养鸡多为春天育雏，播种与育雏同步。什么时间在田间放牧合适，应根据棉花生长情况而定。一般待棉株长到30厘米左右时放牧较好。放牧较早，棉株较低，鸡可能啄食棉心，对棉花生长有一定的影响。

2. **地膜处理**　目前多数棉田实行地膜覆盖。棉株从地膜的破洞处长出，地膜下面生长一些小草和小虫，小鸡往往从地膜的破洞处钻进，越钻越深，有时不能自行返回而被闷死。可用工具将地膜全部划破，避免意外伤亡。

3. **不良天气时的应急措施**　选择的棉田应有便利的排水条件，防止棉田积水；鸡舍要建筑在较高的地方，防止鸡舍被淹；

加强调教，及时收听当地天气预报，遇有不良天气，及时将鸡圈回；大雨过后，及时寻找没有返回的雏鸡，并将其放在温暖的地方，使羽毛尽快干燥。

4. **农药喷施与安全** 只要放养鸡，棉田虫害便可得到有效控制，不使用农药或少量喷药即可。由于目前只允许喷施高效低毒或无毒农药，即使喷施农药，对鸡的影响也不大。但为确保安全，在喷施农药期，采取分区轮牧，7 天后再在喷施农药的小区放养。

5. **围网设置** 大面积棉田养鸡，可不设置任何围网。但小地块棉田养鸡，周围种植的作物不同，施用农药的情况不能控制。应考虑在放牧地块周围设置尼龙网，使鸡仅在特定的区域采食。

6. **棉花收获后的管理** 秋后棉花收获，地表被暴露，蚂蚱等昆虫更容易被捕捉，利于放牧觅食。此时应跟踪放牧，防止没有棉花的遮蔽作用，老鹰来偷袭。短暂的放牧之后，气温逐渐降低，如果饲养的是肥育鸡，应尽早出售。若饲养的是商品蛋鸡或种鸡，应逐渐增加饲料的补充。

7. **兽害的预防** 棉花收获后主要预防老鹰，在放养的初期主要预防老鼠和蛇，中期和后期主要预防黄鼠狼。

8. **除草剂和中耕问题** 鸡在棉田放牧，以采食野草为主。棉田不应施用除草剂。日常棉田的管理中，可适当中耕，必须保留一定密度野草的生长。

9. **放养密度** 棉田养鸡适宜的密度为每公顷放养 450 ~ 600 只，一般不应超过 750 只／公顷。既可有效控制虫害的发生，又可充分利用棉田的杂草等营养资源，还不至于造成过牧现象。

10. **诱虫与补饲** 在棉田，利用高压电弧灭虫灯，可将周围的昆虫吸引过来，每天傍晚开灯 3 ~ 4 小时，可减少饲料补充 30% 左右。平时补料数量应根据棉田野草的生长情况和灯光诱虫的情况确定。为了使鸡早日出栏，在快速生长阶段适当增加饲料的补充量在经济上是合算的。

棉田放养鸡见图6-67。

图6-67　棉田养鸡

（三）林地放养技术

1. **分区轮牧，全进全出**　林地养鸡，特别是郁闭性较好的林地，树冠大，树下光线弱，长此以往形成潮湿的地面，鸡的粪便自净作用弱。为了有效地利用林地，也给林地一个充分自净的时间，平时要分区轮牧，全进全出。上一批鸡出栏后，根据林地的具体情况，留有较长一段时间的空白期。

2. **重视兽害**　树林养鸡，尤其是山场树林养鸡，野生动物较其他地方多，特别是狐狸、黄鼠狼、獾、老鼠等，对鸡的伤害严重。除了一般的防范措施以外，可考虑饲养和训练猎犬护鸡。

3. **谢绝参观**　林地养鸡，环境幽静，对鸡的应激因素少，疾病传播的可能性也少。但应严格限制非生产人员的进入，以防将病原菌带入林地。

4. **林下种草**　在林下植被不佳的地方，应人工种植牧草。如林下草的质量较差，可进行牧草更新。

5. **注意饲养密度和小群规模**　根据林下饲草资源情况，合理安排饲养密度和小群规模。饲养密度不可太大，防止林地草场的

退化。

6. **重视体内寄生虫病的预防** 长期在林地饲养，鸡群多有体内寄生虫病，应定期驱虫。林地放养鸡见图6-68。

图6-68 林地养鸡

（四）草场放养技术

1. **注意昼夜温差** 草原昼夜温差大，在放牧的初期，鸡月龄较小的时候，以及春季和晚秋，一定要注意夜间鸡舍内温度的变化。防止温度骤然下降导致鸡群患感冒和其他呼吸道疾病，必要时应增加增温设施。

2. **严防兽害** 与其他场地养鸡相比，草场的兽害最为严重，尤其是鹰类、黄鼠狼、狐狸、老鼠，以及南方草场的蛇害。应有针对性地采取措施。

3. **建造遮阴防雨棚舍** 草场的遮阴状况不好，没有高大的树木，特别是退化的草场，在炎热的夏季会使鸡暴露在阳光下，雨天没有可躲避的地方。应根据具体情况增设简易棚舍。

4. **秋季放牧** 秋季晚上气温低，早晨草叶表面带有露水，对鸡的健康不利。因此，遇有这种情况应适当晚放牧。

5. **轮牧和刈割** 鸡喜欢采食幼嫩的草芽和叶片，不喜欢粗硬老化的牧草。草场养鸡，应将放牧和刈割相结合。将草场划分成不同的小区，轮流放牧和轮流刈割，使鸡经常可吃到愿意采食的幼嫩牧草。

6.**严防鸡产窝外蛋**　草场辽阔适于营巢的地方多。应注意鸡在外面营巢产蛋和孵化。

草场放养鸡见图6-69。

图6-69　草场养鸡

（五）山场放养技术

1.**山场的选择**　山场生态养鸡必须突出"生态"二字，使农民靠山吃山，既开发利用山场，又保护山场。坡度较大的山场，植被退化、可食牧草含量较少的山场，植被稀疏的山场等均不适于养鸡。植被状况良好、可食牧草丰富、坡度较小的山场，特别是经过人工改造的山场果园和山地草场最适合养鸡。

2.**饲养规模和饲养密度**　山场养鸡，鸡的活动半径较平原农区小，饲养密度应控制在300只／公顷左右，一般不超过450只／公顷。一个群体的数量应控制在500只／公顷以内。100～300只的规模，饲养效果最好。可在一个山场增设若干个小区，实行小群体大规模。退化的山场不适于养鸡或降低饲养密度。

3. **补料问题** 山场养鸡不可出现过牧现象，因此饲料的补充必须根据鸡每天采食情况而定。如果补料不足，鸡很可能用爪刨食，破坏山场。

4. **兽害预防** 山区野生动物较平原更多，饲养过程中要严加防范。

5. **组织问题** 山区交通、信息、人们的文化和科技素质、经营理念等，都与农区和城市有差距。山场养鸡应有效地组织，通过群众性的养鸡协会，解决一家一户难以解决的雏鸡、饲料、疫苗、药品的供应，特别是产品的销路。

山场放养鸡见图6-70。

图6-70 山场养鸡

四、不同季节的放养技术

（一）春季放养技术

1. **防气温突变** 春季气温上升的方式为螺旋式，升中有降，变化无常。应时刻注意气候的变化，防止对生产性能的不利影响和诱发疾病。

2. **保证营养** 春天蛋鸡产蛋上升较快，同时早春又缺青。应在保证饲料补充量、饲料质量的前提下，补充一定青绿饲料、青菜。对于种鸡，饲料中应补充一定的维生素和微量元素。

3. **放牧时间的确定** 春季雏鸡放牧时间，北京以南地区一般应在4月中旬以后，此时气温较高而相对稳定；对于成年鸡，牧草的生长是主要限制因素。放牧过早，草芽被鸡迅速一扫而光，牧草难以生长，造成草场的退化。春季放牧的时间应根据当地气温、雨水和牧草的生长情况而定，不可过早。

4. **疾病预防** 春季是病原微生物复苏和繁衍的时机，鸡在这个季节最容易发生传染性疾病。因此，要落实疫苗注射、药物预防和环境消毒各项措施。

春季放养鸡见图6-71。

图6-71 春季放养鸡

（二）夏季放养技术

1. **注意防暑** 鸡无汗腺，体内产生的热量主要依靠呼吸散失，因而鸡对高温的适应能力很差。防暑是夏季管理的关键环节，尤其是在没有高大植被遮阴的草场，应设置遮阳棚，为鸡提供防晒遮阴乘凉的躲避处（图6-72、图6-73、图6-74）。

图6-72 夏季放养鸡

107

图 6-73 大树遮阴

图 6-74 遮阳棚

2. **保证饮水** 夏季供水尤其重要，不仅是提高生产性能的需要，更是防暑降温、保持机体代谢平衡和健康的需要。必要时，可在饮水中加入一定的补液盐等抗热应激制剂。

3. **鸡群整顿** 夏季一些鸡开始抱窝，有些鸡出现停产。应及时进行清理整顿。对饲养价值不大的鸡可做淘汰处理，以减少饲料费用，降低饲养密度。

4. **饲喂和饲料** 夏季天气炎热，鸡的采食量减少。要利用早晨和傍晚天气凉爽时，强化补料。如果夏季降低营养水平，不仅采食饲料的总量减少，而且获得的营养更少。可通过提高营养浓度和饲喂颗粒饲料，使鸡在短时间内补充较多的营养。

5. **搞好卫生** 夏季蚊虫和微生物活动猖獗，粪便和饲料容易发酵，雨水偏多，环境容易污染。应注意饲料卫生、饮水卫生和环境卫生，控制蚊蝇孳生，定期驱除体内外寄生虫，保证鸡体健康。

6. **及时捡蛋** 夏季鸡蛋的蛋壳更容易受到污染，特别是窝外蛋。应及时发现，搜集窝内蛋，进行妥善保管或处理。

（三）秋季放养技术

1. **加强饲养和营养** 秋季是鸡换毛的季节。老鸡产蛋达 1 年，身体衰竭，加上换毛在生理上变化很大，因此不能放松秋季饲养管理。有的高产鸡边换毛边产蛋。况且换毛，需要大量的营养物质，因此饲料中应增加精饲料和微量营养的比例；当年雏鸡到秋季已为成年鸡，开始产蛋，要供应足够的饲料，并增加精饲料比例，满足其继续发育和产蛋的需要。

2. **调整鸡群**　秋季应进行鸡群的调整，淘汰老弱母鸡，调整新老鸡群。老弱母鸡淘汰的方法是：将淘汰的母鸡挑选出来，分圈饲养，增加光照，每天保持 16 小时以上。多喂高热量饲料，促使母鸡增膘，及时上市。当年轻蛋鸡开始产蛋时，则应老鸡、新鸡分开饲养，逐渐由产前饲养过渡到产蛋鸡饲养管理。

3. **控制蚊虫，预防鸡痘**　鸡痘是鸡的一种高度接触性传染病，在秋、冬季最容易流行，秋季发生皮肤型鸡痘较多，冬季白喉型鸡痘最常见。预防可接种鸡痘疫苗。将疫苗稀释 50 倍，用消毒的钢笔尖或大号缝衣针蘸取疫苗，刺在鸡翅膀内侧皮下，每只鸡刺 1 下即可。

4. **预防其他疾病**　秋季对蛋鸡危害较大的疾病除了鸡痘以外，还有鸡新城疫、禽霍乱和寄生虫病。

5. **人工补光**　秋后日照时间渐短，与产蛋鸡要求每天 16 小时的光照时间的差距越来越大，应针对当地光照时数合理补充，以保证成年产蛋鸡的产蛋稳定，促进新开产鸡尽快达到产蛋高峰。

6. **防天气突变**　深秋气温低而不稳，有时秋雨连绵，给放养鸡的饲养和疾病防治带来诸多困难，应有针对性地提前预防。

秋季放养鸡见图 6-75。

图 6-75　秋季放养鸡

（四）冬季放养技术

冬季饲养的柴鸡，要重点解决不产蛋、鸡蛋品质差、蛋黄颜色浅的问题。

1. 舍养保温 冬季草地没有什么可采食的东西，如果继续全天舍外放养柴鸡，其能量的散失会更严重，甚至停止产蛋。因此，

要以舍内圈养或笼养为主，并加强鸡舍保温。采取鸡舍阳面搭建塑料棚的方法，不仅可以增加运动场地，而且增加光照和增温（图6-76）。

2. 增强营养供应 冬季天气寒冷，机体散热多，不仅要增加能量饲料的比例，饲料的补充量也应增

图6-76 鸡舍阳面塑料棚

加。如果还按照放养期进行补料，会造成严重的营养负平衡，产蛋率急剧下降，甚至停产。

3. 重视补青补粗 柴鸡蛋品质优良，主要在于蛋黄色泽、胆固醇和磷脂含量。冬季失去了放牧条件，如果不采取有效措施，鸡蛋品质难以保证。冬季适当补充青绿多汁饲料，可弥补圈养的不足。还要强化维生素添加剂，并添加5%～7%的苜蓿草粉。这样，蛋黄颜色能达到9.8以上，胆固醇含量降低，磷脂增加等。

4. 补充光照 每天的光照时间不低于15小时。

5. 加强通风，预防呼吸道疾病 冬季是鸡呼吸道传染病的流行季节，尤其是在通风不良的鸡舍更容易诱发。应重视鸡舍内的通风。一旦发现病情应立即隔离，治疗。同时，每隔5～7天用百毒杀等消毒剂进行消毒。

6. **注意兽害**　冬季野生动物捕捉的猎物减少，因而对野外养鸡的威胁很大，以黄鼠狼为甚，应严加防范。

冬季放养鸡见图6-77。

图6-77　冬季放养鸡

（五）掌握放养鸡适时出栏时间

放养公鸡和不计划产蛋或淘汰的母鸡应及时以优质肉用鸡出栏上市，出栏时间由以下情况决定：

1. **体重**　屠宰率或出肉率的高低，与体重呈正相关。也就是说，体重越大，屠宰率越高，产肉率越高（图6-78）。

2. **日龄**　鸡的生长速度与日龄有关。一般来说，在性成熟之前，体重呈现递增趋势，而性成熟之后，体重增长呈现递减趋势。当日龄达到成年或接近成年之后，鸡体重基本上保

图6-78　成年放养鸡

持稳定，继续饲养没有价值。

3. **季节或市场**　考虑季节有两个含义，一个是放牧季节气候和场地野生饲料资源提供情况。如果气候有利于鸡的生长，有足够的野生饲料资源供鸡采食，饲养成本较低，可获得较高的效益，那么，可以再饲养一段时间；二是根据我国传统或现代节日，比如中秋节、新年、圣诞节等，往往是鸡肉消费的旺季。考虑市场是指当时当地的市场需求量，销售价格。

在进行鸡的放养之前，应进行详细的规划，何时进雏，何时放养，饲养多长时间，一年出栏几批等。一般是以出栏时间决定进雏时间，如计划10月1日出栏，假设120天的饲养周期，那么进雏期设定在6月1日以前开始育雏最好。

第七章　生态放养鸡的常见疾病及防治

一、放养鸡的发病规律与特点

（一）新城疫、法氏囊病较多

孵化场的种蛋来源杂，母源抗体水平参差不齐，初次免疫时间不易确定；套用现代肉鸡、蛋鸡的免疫程序，免疫程序不尽合理，免疫方法不得当等，均易感染法氏囊病。由于法氏囊病毒破坏鸡免疫器官法氏囊，造成免疫抑制，雏鸡易患新城疫。在放养期，饮水免疫时，因群体过大，造成饮水不均；鸡采食青绿饲料而减少饮水以及鸡饮用坑洼地的积水，直接影响饮水量和免疫效果，易发生散发性新城疫，损失惨重。

（二）马立克氏病多

放养鸡场马立克氏病多的主要原因，一是多年来人们思想上普遍认为本地鸡的抗病力强，不用接种马立克氏病疫苗；二是有些放养鸡场购买商品蛋鸡并鉴别公雏时，抱有侥幸心理或仅顾眼前利益少花些钱，不接种马立克氏病疫苗。其结果，造成马立克氏病的大面积暴发。

（三）细菌性疾病多

从未净化鸡白痢的非正规种鸡场购买雏鸡，会使带菌鸡通过种蛋传给下一代，还因孵化场的孵化条件、卫生状况、管理等较差，易造成传播。

放养鸡因所处环境的特殊性，常常接触污染的饲料、饮水、用具及受外界应激因素（雨淋、温度变化等），易感染或并发大

肠杆菌病。

（四）球虫病较多

放养鸡接触地面，病鸡粪便污染饲料、饮水、土地，使得虫卵"接力传染"。如天热多雨、鸡群过分拥挤、运动场潮湿、雏鸡与成鸡混群饲养、饲料中缺乏维生素A以及日粮搭配不当，均会加快本病传播。

（五）呼吸道疾病较少

育雏阶段有时发生呼吸道疾病。但放养后，由于鸡群饲养密度小、舍内通风好、空气新鲜，很少患呼吸道疾病。

二、放养鸡疾病综合防治技术

（一）场地的合理选择与布局

选择背风向阳、地势高燥、易于排水、通风良好、水源充足、水质良好，以及远离屠宰场、肉食品加工厂、皮毛加工厂的地方。生产区和生活区严格分开。鸡舍的建筑应根据本地区主导风向合理布局，从上风向到下风向，依次建筑饲料加工间、育雏间、放养鸡舍。此外，还应建立隔离间、粪便和死鸡处理设施等。

（二）把好鸡种引入关

雏鸡应来自非疫区，信誉度高、正规种鸡场。做好运输、进场管理工作。

（三）科学饲养管理，增强鸡体抗病力

1. **满足鸡群营养需要** 根据鸡的品种，分群饲养，按其不同生长阶段的营养需要，植被情况，供给相应的配合饲料。

2. **创造良好的生活环境** 根据鸡不同生长阶段的生理特点，控制适当的温度、湿度、光照、通风和饲养密度，尽量减少各种

应激反应，防止惊群。

3. 采取"全进全出"的饲养方式　同一栋鸡舍和放牧地块在同一时期内只饲养同一日龄的鸡，又在同一时期出栏。"全进全出"便于饲养管理及对舍内消毒和放牧地的自然净化。

4. 做好废弃物的处理工作　在下风向最低位置的地方或围墙外设废弃物处理场。鸡粪经过发酵处理后出售。死鸡焚烧或深埋。

5. 做好日常观察工作，随时掌握鸡群健康状况　每日观察记录鸡群的采食量、饮水表现、粪便、精神、活动、呼吸等基本情况，统计发病和死亡情况，对鸡病做到"早发现、早诊断、早治疗"，以减少经济损失。

（四）搞好消毒工作

鸡场及鸡舍门口应设消毒池，经常保持有新鲜的消毒液。工作人员和用具固定，用具不能随便借出、借入。工作人员每天进入鸡舍前要更换工作服、鞋、帽，工作服要定期消毒。栖架、蛋箱应定期消毒。料槽应定期洗刷、晾晒；水槽要每天清洗。要坚持带鸡消毒。消毒见图7-1，图7-2。

图7-1　车辆消毒间　　　　　图7-2　消毒池

（五）实施有效的免疫计划，认真做好免疫接种工作

各鸡场应根据当地放养鸡的发病特点和本场实际情况，制定出科学、合理的免疫程序，做好各种疫苗的接种工作。放养鸡免疫程序见表 7-1、表 7-2，供参考。

表 7-1　放养鸡场推荐的免疫程序　（适用于地方性肉仔鸡）

日　龄	疫　苗	接种方法
1	马立克氏病细胞苗	颈部皮下注射
5	新肾支冻干苗	点眼鼻或饮水
12	弱毒力法氏囊苗	口服或饮水
22	新城疫克隆 30 或 IV 系	饮水
26	中等毒力法氏囊苗	饮水
30	禽流感油苗	颈部皮下注射
35 ~ 42	鸡痘弱毒苗	翅膀内侧刺种
60	新城疫 I 系苗	肌内注射
100 ~ 110	新城疫克隆 -30 或 IV 系	饮水

表 7-2　放养鸡场推荐的免疫程序　（适用于产蛋鸡）

日　龄	疫　苗	接种方法
1	马立克氏病细胞苗	颈部皮下注射
5	新肾支冻干苗	点眼鼻或饮水
12	弱毒力法氏囊苗	口服或饮水
22	新城疫克隆 30 或 IV 系	饮水
26	中等毒力法氏囊苗	饮水
32	支气管 H_{52} 苗	饮水
42	禽流感油苗	颈部皮下注射
	鸡痘弱毒苗	翅膀内侧刺种
60	新城疫 I 系苗	肌内注射
105	支气管 H_{52} 苗	饮水

日　龄	疫　苗	接种方法
110 ~ 120	新支减三联油苗	肌内注射
	禽流感油苗	肌内注射
	鸡痘弱毒苗	翅膀内侧刺种
	每隔 2 月饮 1 次新城疫克隆 -30 或 IV 系	

注：喉气管炎易发区，分别在 35 日龄和 90 日龄接种喉气管炎疫苗。

（六）利用微生态制剂防治疾病

微生态制剂：一类是营养微生态饲用添加剂，包括寡糖、酸化剂、中草药制剂等；另一类是活菌制剂和微生物，主要作用是改变胃肠道微生物群组成，形成强优势菌群，抑制和消灭致病菌群，提高存活率，促进生长和繁殖，降低成本。

三、放养鸡的常见疾病及防治

（一）病毒性传染病

1. 鸡新城疫

【流行规律】　幼雏和中雏易感性最高，病鸡和流行期间歇带毒的鸡是主要的传染源，主要通过消化道和呼吸道传播。本病一年四季均可发生，但以春、秋两季多发。

【主要症状及病变】　病鸡呼吸困难，有神经症状，排黄绿色稀便；剖检可见胸腺出血，腺胃乳头和肌胃角质层下出血，肠道弥漫性出血，特别是肠道淋巴滤泡出血，见图 7-3。

【防　治】　做好免疫接种及抗体检测，定期消毒。治疗上可用抗鸡新城疫血清和鸡新城疫高免蛋黄。由于鸡新城疫常常并发大肠杆菌等病，在饲料或饮水中加入抗生素和电解多维，可减少死亡，有助于鸡群康复。

a．鸡新城疫病鸡

b．扭头、观星状、站立不稳

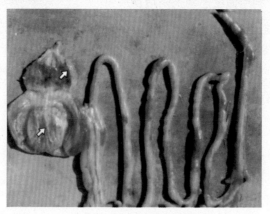

c．腺胃、肌胃、十二指肠出血

图 7-3　鸡新城疫症状

2. 鸡传染性法氏囊病

【**流行规律**】　主要发生于 2～15 周龄的鸡，3～6 周龄的鸡最易感。病鸡是主要的传染源，通过直接和间接接触传播。发生时往往为突然发病，3 天后开始死亡，5～7 天达到死亡高峰。

【**主要症状及病变**】　病鸡精神极度衰弱，排白色黏稠或水样稀便，剖检可见腿肌、胸肌出血，法氏囊肿胀，黏膜出血，腺胃乳头有明显出血，肾脏肿胀，见图 7-4。

【**防　治**】　本病尚无有效防治药物，预防接种、被动免疫是控制本病的主要方法，同时加强饲养管理及消毒工作。

受严重威胁的感染鸡群或发病鸡群注射高免蛋黄或高免血清，可有效地控制死亡。同时投服速效管囊散或法氏克等药物，针对出血和肾功能减退，对症投服肾脏解毒药、多种维生素，可起到缓解病情和减少死亡。

a. 精神不振，极度沉郁

b. 白色水样粪便

c. 肌肉出血

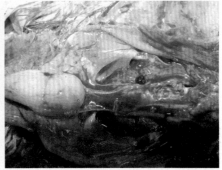

d. 法氏囊水肿、肾脏肿大

图 7—4　鸡传染性法氏囊病

3. 马立克氏病

【流行规律】　鸡、鸭、鹅等易感。一般小鸡比大鸡，母鸡比公鸡，外来品种比本地品种易发此病，以 2 ～ 4 月龄鸡发病率最高。

【主要症状及病变】 精神委顿，羽毛松乱，行走迟缓，减食、消瘦，独居一隅。病程一长，鸡冠萎缩，眼瞎，鸡腿或翅膀一侧或两侧麻痹，排绿色粪便。根据临床症状和病变部位不同，可分为4个类型。

皮肤型：皮肤、肌肉上可见肿瘤结节或硬肿块，毛囊肿大，脱毛，肌纤维失去光泽，严重感染，小腿部皮肤异常红。

神经型：主要表现为神经麻痹、运动失调。常引起一肢或两肢呈不同程度的麻痹，一肢向前伸，另一肢向后伸，形成"劈叉"姿势（图7-5a），坐骨神经肿大2～3倍，呈淡黄色无光泽，纹理消失（图7-5b）。臂神经丛及翅神经发生病变时的特征是翅膀下垂，俗称"穿大褂"。

内脏型：主要在肝、脾、肾、心、腺胃、卵巢、肠系膜等内脏器官出现单个或多个肿瘤病灶，有肿瘤的器官比正常大1～3倍（图7-5c、d、e），病鸡腹部膨大、积水。

眼型：一侧或双侧眼瞳孔缩小，虹膜变为灰色并混浊，俗称"鱼眼"、"灰眼"或"珍珠眼"，视力减弱或失明，瞳孔边缘不整齐，似锯齿状（图7-5f）。

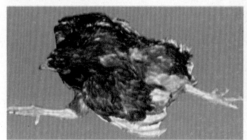

a. 神经麻痹

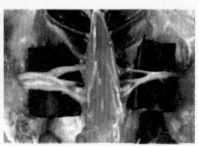

b. 坐骨神经变粗

c. 肝肿瘤

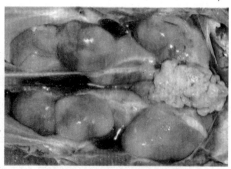
d. 肾脏弥漫性肿瘤

e. 卵巢肉样变

f. 右眼瞳孔小，边缘不齐

图 7-5　马立克氏病症状

【防　治】　此病发生后无特效治疗药物，预防为主。加强卫生消毒工作，防止马立克氏病毒的早期感染。个别污染严重的鸡场，可在 3 周内进行加强免疫。

4. 鸡　痘

【流行规律】　由病毒引起的一种接触性传染病。各种年龄和品种的鸡都能感染，但以夏初到秋季蚊虫出现季节多发。

【主要症状及病变】　皮肤、口角、鸡冠等处出现痘疹，在口腔、喉头和食管黏膜上发生白喉性假膜。可分 3 种类型，即皮肤型、白喉型和混合型，偶有败血型发生。

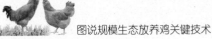

皮肤型鸡痘：特征是在身体无毛和少毛部位，特别是冠、髯和眼皮、口角等处形成干燥、粗糙、呈棕黄色的大的结痂（图7-6a）。

白喉型鸡痘：口腔和咽喉黏膜形成黄白色干酪样的一层假膜（图7-6b、c），病鸡呼吸和吞咽困难，发出一种"咯咯"的怪叫声。

混合型鸡痘：皮肤和口腔黏膜同时发生病变，在有些病例中可看到（图7-6d）。偶见败血型，呈现严重的全身症状，随后发生肠炎，有腹泻，并引起死亡。

a.皮肤型鸡痘

b.口腔有病灶

c.白喉型鸡痘，气管喉头有干酪样物质堵塞

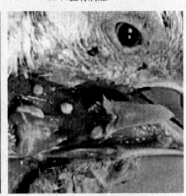
d.头部、上腭部、食管痘斑

图7-6　鸡痘症状

【防　治】预防鸡痘最有效的方法是在夏末秋初接种鸡痘疫苗。目前尚无特效治疗药物，主要采用对症疗法，以减轻病鸡的

症状。皮肤上的痘痂，可用清洁镊子小心剥离，伤口涂碘酊或紫药水。患白喉型鸡痘时，喉部黏膜上的假膜用镊子剥掉，用0.1%高锰酸钾溶液洗后，用碘甘油或氯霉素软膏、鱼肝油涂擦，可减少窒息死亡。

（二）细菌性传染病

1. 鸡 白 痢

【流行规律】 以3周龄以内雏鸡多发，病鸡和带菌鸡是主要的传染源，种鸡通过带菌卵而传播，病雏鸡的粪便和飞绒中含有大量病原菌，污染饲料、饮水、孵化器、育雏器等，因此可通过消化道、呼吸道感染。

【主要症状及病变】 表现为排稀薄如水的粪便，有的因粪便干结封住肛门。剖检可见心肌、肺、肝、盲肠及肌胃有坏死灶或结节，盲肠内有干酪样物质，脾脏、肾脏肿大，成鸡卵子变形（图7-7 a、b、c、d）。

a. 鸡精神沉郁，缩头闭眼　　　b. 排白色稀粪，肛门周围被粪便沾污，糊肛

c. 肝脏肿大，有白色细小坏死点　　　d. 卵泡变性、坏死

图7-7 鸡白痢症状

123

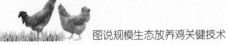

【防　治】　从净化鸡白痢的正规种鸡场购入雏鸡；预防性投药，2～7天在饲料中添加诺氟沙星100毫克／千克；加强饲养管理，尤其注意保温，搞好环境卫生与消毒。

2. 鸡大肠杆菌病

【流行规律】　本病一年四季均可发生，在多雨、闷热、潮湿季节多发。鸡群感染鸡新城疫、鸡传染性法氏囊病、慢性呼吸道疾病，常常诱发本病。

【主要症状及病变】　急性者常无临床症状，慢性者呈剧烈腹泻，粪便灰白色，某些鸡表现为眼炎，成年鸡可表现输卵管炎和腹膜炎。病鸡精神极度衰弱，排白色黏稠或水样稀便，剖检可见气囊炎、关节滑膜炎、输卵管炎、脐炎和肉芽肿，肝周炎和心包炎，在心脏、肝脏表面覆有一层很厚的纤维素性渗出物（图7-8a、b、c、d）。

a. 沉郁、缩头闭眼，羽毛逆立

b. 气囊炎

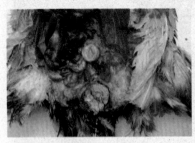

c. 腹膜炎、腹腔积血

d. 肝表面渗出物覆盖

图7-8　鸡大肠杆菌病症状

【防　治】　大肠杆菌病是环境性疾病，因此，加强饲养管理，搞好环境卫生是预防本病的关键。在大肠杆菌病危害严重的鸡场，接种疫苗是防治本病的一种有效方法。使用微生态制剂，形成优势菌群，达到防病的目的。

常用的防治药物有阿米卡星、诺氟沙星、环丙沙星、恩诺沙星等。

（三）寄生虫病

1. 鸡球虫病

【流行规律】　常发于 3～6 周龄鸡。放养鸡接触地面，病鸡粪便污染饲料、饮水、土地，是本病的主要传染媒介。如天热多雨、鸡群过分拥挤、场地潮湿、饲料中缺乏维生素 A，都是诱发本病流行的因素，是放养鸡场的一种常见病、多发病。

【主要症状及病变】　患盲肠球虫时，精神不振，羽毛松乱，缩颈闭目呆立，食欲减退，排血便，严重者甚至排出鲜血。嗉囊软而臌胀，翅下垂，运动失调，贫血，鸡冠和面部苍白。患小肠球虫病时，其临床表现与盲肠球虫病相似，但病鸡不排鲜血便。日龄较大的鸡如患球虫病时，一般呈慢性经过，症状轻，病程长。呈间歇性腹泻，饲料报酬低，生产性能不能充分发挥，死亡率低。

病变主要见于盲肠，盲肠显著肿大，外观呈暗红色，浆膜面可见有针尖大至小米粒大小的白色和小红色斑点，肠内容物为血液或凝固的血凝块，或混有血液的黄白色干酪样物。患小肠球虫的病死鸡，在卵黄蒂前后的肠管高度膨胀、充气，肠壁增厚，浆膜面见有大量的白色斑点和出血斑。肠黏膜高度肿胀，肠腔中充盈黏液及纤维絮状物和坏死物（图 7-9a、b、c、d）。

【防　治】　消灭卵囊，切断其生活史。鸡群全进全出，鸡舍彻底清扫、消毒，雏鸡和成鸡要分开饲养，保持环境清洁、干燥和通风，有利于防治本病。同时，用药物进行预防，抗球虫药应

从 12 ～ 15 日龄的雏鸡开始给药，坚持按时、按量给药，特别要注意在阴雨连绵或饲养条件差时更不可间断。也可考虑使用球虫活疫苗，2 ～ 5 日龄初免，1 周后重复免疫 1 次，以加强免疫。

常用抗球虫药有：尼卡巴嗪、氨丙啉、氯羟吡啶（克球粉）、鸡宝 - 20、三字球虫粉、盐霉素、地克珠利等。在治疗的同时，补加维生素 K，每只每天 1 ～ 2 毫克、鱼肝油 10 ～ 20 毫升或维生素 A、维生素 D 粉适量，并适当增加多维素用量。

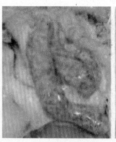

a. 血　便　　　　　　　　　　b. 盲肠出血

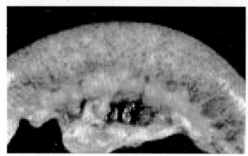
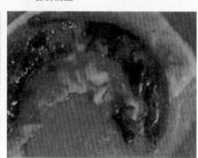

c. 小肠肿胀，外表可见大量出血点　　　d. 肠内容物混有凝固血液、
　　　　　　　　　　　　　　　　　　　纤维絮状物和坏死物

图 7-9　鸡球虫病症状

2. 鸡蛔虫病

【流行规律】　本病以 2 ～ 3 月龄鸡多发，5 ～ 6 月龄鸡有较强抵抗力，1 年以上的鸡多为带虫者。鸡采食被感染虫卵污染的

饲料、饮水等而感染。

【主要症状及病变】　鸡的肠道内有少量蛔虫寄生时看不出明显症状。雏鸡和 3 月龄以下的青年鸡被寄生时，蛔虫的数量往往较多，初期症状也不明显，随后逐渐精神不振，食欲减退，羽毛松乱，翅膀下垂，冠髯、可视黏膜及腿脚苍白，生长滞缓，消瘦衰弱，腹泻和便秘交替出现，有时粪便中有蛔虫排出。成年鸡一般不呈现症状，严重感染时出现腹泻、贫血和产蛋量减少。

剖检常见病尸明显贫血，消瘦，肠黏膜充血、肿胀、发炎和出血；局部组织增生，蛔虫大量突出部位可用手摸到明显硬固的内容物堵塞肠管，剪开肠壁可见有多量蛔虫扭结在一起呈绳状（图 7-10）。

图 7-10　鸡蛔虫病

【防　治】　实行全进全出制；及时清除鸡粪并定期铲除表土，堆积发酵；防止带虫的成年鸡感染青年鸡发病；对鸡群定期进行驱虫。驱虫药物可选用驱蛔灵，每千克体重 0.25 克，混料一次内服；驱虫净，每千克体重 40～60 毫克，混料一次内服；左旋咪唑，每千克体重 10～20 毫克，溶于水中内服；丙硫苯咪唑，每千克体重 10 毫克，混料一次内服。

3. 鸡羽虱

【流行规律】　本病一年四季均可发生，但冬季较严重。羽虱经接触或经饲料包装物等用具携带传入，感染后，传播迅速，往往波及全群，放养鸡发生率较高。

【主要症状及病变】　羽毛脱落，皮肤损伤，精神不安，发痒，体重减轻，消瘦和贫血，鸡冠发白，雏鸡生长发育不良，母鸡产蛋率下降，蛋壳质量变差。严重感染时，可见鸡体表（图 7-11）、

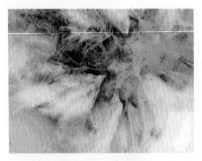

图 7-11 鸡羽虱

墙壁、地面鸡笼、料槽等处有大量羽虱，甚至喂料时，羽虱可爬上饲养员的手、脚、脸部，叮咬皮肤，使人感到奇痒难受。

【防　治】　个体治疗可选用撒粉或喷粉法，即用 0.5% 敌百虫、5% 氟化钠、5% 硫黄粉，把药粉撒在或借助喷粉器喷撒在鸡翼下、双腿内侧、胸、腹和羽虱的其他寄生部位，使药物直接接触到虱体，才能把虱杀死。也可用药浴法，将整只鸡（露出头）浸在 0.1% 敌百虫溶液中，待鸡的全身羽毛、皮肤接触到药液时，即将鸡取出。此法宜在温暖、晴天进行，以防感冒。

大群治疗可采用"特效灭虱精"治疗，按每 5 毫升药液对水 5 ～ 10 升，喷洒鸡的全身各部位，至轻度淋湿即可，间隔 2 ～ 3 天再喷洒 1 次。

（四）普通病

1. 啄食癖

【流行规律】　春、冬季节易发。饲养密度大、营养缺乏等是引起啄食癖的主要原因，外寄生虫侵袭、皮肤外伤出血、母鸡输卵管脱垂等也是诱发啄食癖的因素。

啄食癖是啄肛癖、啄羽癖、啄趾癖、啄蛋癖等恶癖的统称，是放养鸡饲养中最常见的恶癖。一旦发生，鸡只互相啄食，常引起胴体等级下降，甚至死亡，造成经济损失。

【主要症状及病变】　表现为互相啄，造成创伤或引起死亡。

①啄肛癖：雏鸡和产蛋鸡最为常见。尤其是雏鸡患白痢病时，病雏肛门周围羽毛粘有白灰样粪便，其他雏鸡就不断啄食病鸡肛门，造成肛门破伤和出血，严重时直肠脱出，很快死亡。产蛋鸡

产蛋时泄殖腔外翻，被待产母鸡看见后啄食，往往引起输卵管脱垂和泄殖腔炎（图7-12a）。

②啄羽癖：各种年龄的鸡群均有发生，但以产蛋鸡、青年鸡换羽时较多见，以翼羽、尾羽刚长出时为严重。常表现为自食羽毛或互相啄食羽毛，有的鸡只被啄去尾羽、背羽，几乎成为"秃鸡"或被啄得鲜血淋淋（图7-12b）。

a．被啄肛的鸡　　　　　　　　　b．被啄伤鸡的翅膀

图7-12　鸡啄食癖

③啄趾癖：多在雏鸡中发生。表现啄食脚趾，引起流血或跛行，甚至脚趾被啄光。

④啄蛋癖：主要发生于产蛋鸡群。表现为自产自食和互相啄食蛋现象。

【防　治】　针对发病原因采取相应措施。

①断喙：于9～12日龄进行断喙，是防治啄食癖较好的一种方法。

②合理配合饲料：特别是一些重要的氨基酸（如蛋氨酸、色氨酸、赖氨酸等）、维生素和微量元素不能缺少。试验证明，在日粮中添加0.2%的蛋氨酸，能够减少啄食癖的发生。

③啄羽癖可能是由饲料中硫化物不足引起：在饲料中补充硫化钙粉（把天然石膏磨成粉末即可），用量为每只鸡补充0.5～3

克／天，效果很好。或在日粮中加入 2% ~ 3% 的羽毛粉。

④及时挑出啄食鸡：鸡群一旦发现啄食癖，应立即将被啄的鸡只移出饲养，对有啄食癖的鸡也可单独饲养或淘汰。有外伤、脱肛的病鸡应及时隔离饲养和治疗，在被啄伤口上涂上与其毛色一致和有异味的消毒药膏及药液，如鱼石脂、磺胺软膏、碘酊、紫药水等，切忌涂红药水（红汞）。

⑤改善环境和加强管理：鸡舍通风要好，饲养密度不宜过大，光线不能太强。料槽、饮水器应足够。饲喂应定时、定量，尤其是不能过晚。

2. 黄曲霉中毒

【流行规律】 一年四季均可发生，夏、秋梅雨季节多发。

【症　状】 生长不良、饲料转化率低下、传染病的易感性增强、产生类似营养缺乏的症状，病鸡色素不能正常沉着，粪便中存在未消化颗粒。雏鸡比育成鸡更敏感。产蛋下降、脂肪肝。

以肿胀为主，肝肿大、变黄，肾肿、心包积水、皮下有渗出物（图 7-13 a、b）。

【防　治】 发现中毒应立即换料，急性中毒的鸡群饮 5% 葡萄糖水，大剂量维生素 C 拌料，有一定的保肝解毒作用。平时保管好饲料及其原料，防止霉变；添加脱霉剂，可防止本病发生。

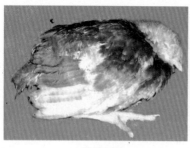

a. 精神不振　　　　　　　b. 肝黄染、出血，卵巢变性

图 7-13　黄曲霉中毒

第八章　生态放养鸡产品的质量认证

放养鸡产品含有丰富的营养，要进入市场获得更高的附加值，应进行相应等级的产品质量认证。放养鸡产品质量由低到高分为无公害、绿色和有机食品3个等级。

一、无公害农产品认证及产地认定

（一）无公害农产品

无公害食品是指产地环境、生产过程和产品质量符合国家有关标准和规范的要求，经认证合格获得认证证书并允许使用无公害农产品标志的食品。严格来讲，无公害是食品的一种基本要求，普通食品都应达到这一要求。

（二）无公害农产品标志及含义

无公害农产品标志是由麦穗、对勾和无公害农产品字样组成，麦穗代表农产品，对勾表示合格，金色寓意成熟和丰收，绿色象征环保和安全。其尺寸（直径）有10毫米、15毫米、20毫米、30毫米和60毫米5种规格。

（三）无公害农产品产地认定

无公害农产品产地认证流程见图8-1。

（四）无公害农产品认证

无公害农产品认证流程见图8-2。

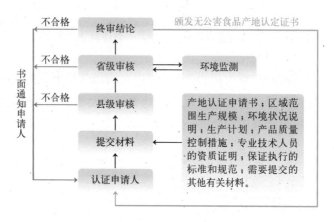

图 8-1 无公害农产品产地认定流程

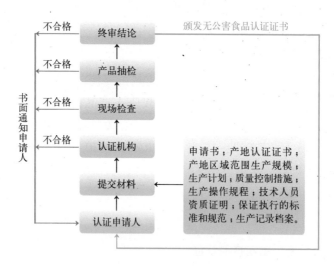

图 8-2 无公害农产品认证流程

二、放养鸡绿色食品及认证

（一）绿色食品

绿色食品是遵循可持续发展原则，按照特定生产方式生产，经专门机构认定，许可使用绿色食品标志商标的无污染的安全、优质、营养类食品。绿色食品生产中允许限量使用化学合成生产资料。绿色食品产地环境。

（二）绿色食品标志及含义

绿色食品标志图形由三部分构成，即上方的太阳、下方的叶片和蓓蕾。标志图形为正圆形，意为保护、安全。整个图形表达明媚阳光下的和谐生机，提醒人们保护环境创造自然界新的和谐。无污染、安全、优质、营养是绿色食品的特征。

（三）绿色食品认证

绿色食品认证流程见图8-3。

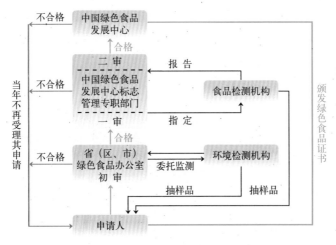

图8-3　绿色食品认证流程

三、放养鸡有机食品及认证

（一）有机食品

有机食品来自于有机农业生产体系，根据有机认证标准生产、加工、并经独立的有机食品认证机构认证的农产品及其加工品。有机食品在生产过程中严禁使用化学合成的肥料、农药、兽药、饲料添加剂、食品添加剂和其他有害于环境和健康的物质，并且不允许使用基因工程技术。

（二）有机食品标志及含义

有机食品标志采用人手和叶片为创意元素。其一是一只手向上持着一片绿叶，寓意人类对自然和生命的渴望；其二是两只手一上一下握在一起，将绿叶拟人化为自然的手，寓意人与自然需要和谐美好的生存关系。该标志是加施于经农业部所属中绿华夏有机食品认证中心认证的产品及其包装上的证明性标识。

（三）有机食品认证

有机食品认证流程见图 8-4。

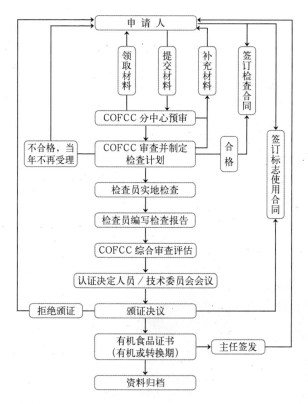

图 8-4　有机食品认证流程

第九章 生态放养鸡产品包装与运输

放养鸡产品包装与运输必须符合《绿色食品包装通用准则》NY/T 658−2002 和《绿色食品贮藏运输准则》NY/T 1056−2006。

一、鲜鸡蛋的包装

（一）鸡蛋收集

采用周转箱收集产蛋窝内的鸡蛋，然后放入蛋库（图 9-1）。

图 9-1　周转箱

（二）鲜蛋分级

将周转箱中的鲜蛋尽快分级，大头朝上放在蛋托（图 9-2）上。破蛋、薄皮蛋、砂皮蛋不作鲜蛋销售，应另行处理。蛋托由纸质或塑料材质制成，可以多层重叠堆放。

图 9-2　蛋　托

（三）鸡蛋盒

进入超市的鸡蛋包装一般比较精致，由纸质或塑料材质制成，规格有4枚、6枚、8枚、12枚、24枚不等（图9-3）。

图9-3　鸡蛋盒

（四）鸡蛋箱

鸡蛋箱应根据鸡蛋盒的规格确定尺寸，规格有45枚、60枚、90枚等（图9-4）。根据食品认证等级鸡蛋箱上常印有无公害、绿色或有机食品标识。

图9-4　鸡蛋箱

二、鲜鸡蛋的运输

（一）申请检疫

鲜蛋运输前货主应向当地动物卫生监督机构申报检疫，办理动物产品检疫证明（图9-5），对运输用具和车辆进行消毒，清洁干燥，合格后加贴检疫标志。

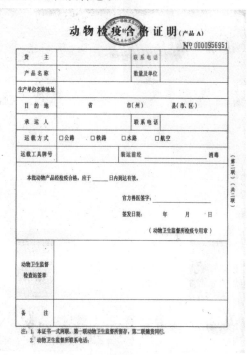

动物检疫合格证明(产品A)			
			N⁰ 0000956951

货　　主		联系电话	
产品名称		数量及单位	
生产单位名称地址			
目 的 地	省　　　市(州)	县(市、区)	
承 运 人		联系电话	
运载方式	□公路　□铁路　□水路　□航空		
运载工具牌号		装运前经_____消毒	

本批动物产品经检疫合格，应于_____日内到达有效。

官方兽医签字：_____

签发日期：　年　月　日

（动物卫生监督所检疫专用章）

动物卫生监督检查站签章	
备　注	

注：1. 本证书一式两联，第一联动物卫生监督所留存，第二联随货同行。
　　2. 动物卫生监督所联系电话：

图9-5　动物产品检疫证明

（二）鸡蛋运输

根据不同的距离和交通状况选用不同的运输工具，车辆应使用封闭货车或集装箱。尽量缩短运输时间，减少中转。装卸时要轻拿轻放，运输中减少震动。蛋箱要防止日晒雨淋，冬季要注意保暖防冻，夏季要预防受热变质（图9-6）。

图9-6　鸡蛋运输

三、活鸡的运输

图9-7　动物检疫证明

（一）申请检疫

鸡只必须是来自非疫区的健康鸡群。活鸡运输前，货主应向当地动物卫生监督机构申报检疫，办理动物检疫证明（图9-7）。运鸡的笼具和车辆必须进行清洗、消毒，检验合格后方可运输。

（二）运　输　笼

活鸡运输笼一般选用钢筋结构的铁丝笼或塑料笼，规格为750毫米×550毫米×270毫米，每笼装运12只

139

活鸡（图 9-8）。根据秋末至春末、初夏至深秋季节的不同，适当增减每笼装鸡 1 ~ 2 只，这样做可减少死亡、残损，提高商品质量。

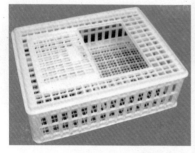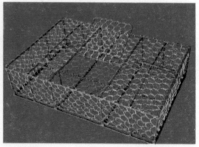

图 9-8　活鸡运输笼

（三）活鸡运输

根据天气情况，气温低、阴天就早装早运，天气热则晚装晚运。在秋末至春末阶段为下午 1 ~ 3 时发车，夏季初秋在晚上发车。夏季高温装车前将汽车、运输笼及鸡身淋水，放在底层的运输笼少装鸡，避免车辆在日光下暴晒。路途如发生堵车时，注意保持笼间通风（图 9-9）。根据路况可积极到当地保险公司投保。

图 9-9　活鸡运输